国家电网有限公司
STATE GRID
CORPORATION OF CHINA

国网河南省电力公司
STATE GRID HENAN ELECTRIC POWER COMPANY

国网河南省电力公司
工作票操作票填用规范（2023年）
（中册）

国网河南省电力公司　编

中国电力出版社
CHINA ELECTRIC POWER PRESS

图书在版编目（CIP）数据

国网河南省电力公司工作票操作票填用规范.2023年.中册/国网河南省电力公司编.—北京：中国电力出版社，2023.12（2025.5重印）

ISBN 978-7-5198-8501-4

Ⅰ．①国…　Ⅱ．①国…　Ⅲ．①电力工业–票据–安全规程–河南–2023　Ⅳ．①TM08-65

中国国家版本馆CIP数据核字（2023）第235668号

出版发行：中国电力出版社
地　　址：北京市东城区北京站西街19号（邮政编码100005）
网　　址：http://www.cepp.sgcc.com.cn
责任编辑：陈　倩（010-63412512）
责任校对：黄　蓓　于　维
装帧设计：张俊霞
责任印制：石　雷

印　　刷：北京九州迅驰传媒文化有限公司
版　　次：2023年12月第一版
印　　次：2025年5月北京第四次印刷
开　　本：787毫米×1092毫米　16开本
印　　张：7.75
字　　数：155千字
印　　数：10501—11000册
定　　价：28.00元

编委会

前　言

　　工作票、操作票（简称"两票"）是允许在电气设备上或生产区域内作业的书面命令，是落实安全组织措施、技术措施和安全责任的书面依据，是保证人身安全、电网安全、设备安全和网络安全的最基本要求。

　　国网河南省电力公司（简称公司）高度重视"两票"管理工作，分别于 2010 年、2014 年、2017 年组织编制发布了公司"两票"管理规定，规范"两票"的管理使用。近年来，国家电网有限公司发布了新的安全相关标准、规程、规定，因此，公司组织启动对《国网河南省电力公司工作票操作票管理规定（2017 年）》的修编工作。

　　本次修编坚持贯彻执行国家电网有限公司安全相关标准、规程、规定等要求，进一步落实落细"四个管住"，统一作业现场安全管理标准，规范现场作业行为，保障作业人员人身安全的目标导向，经多轮次研究讨论、征集基层单位意见建议、专业部门参与审查，形成《国网河南省电力公司工作票操作票填用规范（2023 年）》。

　　修订后的"两票"填用规范分为变电工作票、输电工作票、配电工作票、主网建设作业票、配网建设作业票、营销工作票、信息工作票、电力通信工作票、电力监控工作票、倒闸操作票、操作命令票、直流工作票操作票、调相机工作票操作票 13 个专业内容。每个专业严格依据国家电网有限公司安全工作规程，细化"两票"使用种类、执行流程，并结合典型样票示例说明，重点突出、内容翔实，具有较强的应用指导性，可为电网企业管理、生产人员规范应用"两票"提供参考和依据。

　　由于时间仓促，书中不足之处在所难免，恳请广大读者批评指正。

国网河南省电力公司

2023 年 12 月

目 录

主网建设作业票填用规范

1．总　　则

1.1　为贯彻执行《国家电网有限公司电力建设安全工作规程　第1部分：变电》（Q/GDW 11957.1—2020）和《国家电网有限公司电力建设安全工作规程　第2部分：线路》（Q/GDW 11957.2—2020）（简称《电建安规》）、《输变电工程建设施工安全风险管理规程》（Q/GDW 12152—2021）、《国网基建部关于应用输变电工程施工作业票典型模板（2018版）的通知》（基建安质〔2018〕10号）、《国网基建部关于印发输变电工程建设施工作业层班组建设等2项标准化手册的通知》（基建安质〔2021〕26号）等相关规章制度，规范公司系统主网建设作业票（简称施工作业票）的管理，特制定本规范。

1.2　本规范明确了输变电工程施工作业票A、输变电工程施工作业票B、通用作业票、现场勘察记录的办理、审核、签发、执行、统计与管理等全过程工作要求，并逐一明确填写规范。

1.3　施工作业票的填写与使用应严格执行《电建安规》及本规范。

1.4　施工作业票是输变电工程现场施工过程中的安全作业控制文件，是执行保证安全组织措施、技术措施的依据，是保证人身安全、电网安全和设备安全的最基本要求。

1.5　各施工单位、专业分包单位应每年对施工作业票工作负责人、签发人和审核人名单进行审查并发文公布，保证其满足《电建安规》中规定的基本条件，在各自职责范围内履行相应的作业票手续，承担相应安全职责。

1.6　一张施工作业票中，工作负责人、签发人不得为同一人。

1.7　输变电工程涉及电网运行设备、设施及运行区域的施工作业，应同时办理施工作业票及工作票，涉及动火作业的还需办理动火工作票。开展同一项作业，需要同时使用工作票和施工作业票时，工作票与施工作业票的负责人应为同一人。工作票执行相关专业填用规范要求。

1.8　各参建单位承接工程项目时，应在安全风险管控监督平台进行公司资信报备并经审核通过。所有作业人员应在安全风险管控监督平台登记信息，经准入考试且合格后方可参加工作。

1.9　本规范适用于公司系统交流35kV及以上、直流±400kV及以上新（扩、改）建及公司所属单位承揽的公司系统以外的35kV及以上、±400kV及以上输变电工程的建筑、安装、调试等工作。各参建单位有关管理人员应加强学习，熟悉本规范并严格执行。

1.10　本规范若有与上级规程和要求相抵触者，以上级要求为准。各单位可根据各自情况制定具体实施细则或补充规定。

2. 作业票的种类与使用

2.1 作业票的种类

　　（1）输变电工程施工作业票 A。

　　（2）输变电工程施工作业票 B。

　　（3）通用作业票。

　　（4）现场勘察记录。

2.2 作业票的使用

2.2.1 施工作业票签发人或工作负责人在作业前应组织开展作业现场风险评估，采用半定量 LEC 安全风险评价法对风险危害程度划分，确定作业风险等级。

2.2.2 输变电工程施工作业票 A 适用于四级、五级风险的施工作业；输变电工程施工作业票 B 适用于三级及以上风险的施工作业。输变电工程施工作业票 B 中包含部分四级及以下风险作业，已包含相关控制措施，不再重复办理输变电工程施工作业票 A。

2.2.3 填用输变电工程施工作业票 A 的工作：

　　（1）经风险评估，四级、五级风险作业填写输变电工程施工作业票 A。

　　（2）经风险评估，确定作业风险等级为三级及以上的施工作业，当采用先进有效的机械化或智能化技术，作业方法和要求发生变化时，施工项目部应重新评估作业风险，经监理项目部判别、建设单位确认后，报省公司确认同意，作业现场方可按作业风险等级降低一级管控，填写输变电工程施工作业票 A。

2.2.4 填用输变电工程施工作业票 B 的工作：

　　（1）经风险评估，三级及以上风险作业填写输变电工程施工作业票 B。

　　（2）经风险评估，作业风险等级为四级及以下的施工作业，在实施过程中影响作业的因素发生变化，经复测后确定作业风险为三级及以上时，应终止输变电工程施工作业票 A，重新填用输变电工程施工作业票 B。

2.2.5 填用通用作业票的工作：

　　与输变电工程施工作业票 A、输变电工程施工作业票 B 典型模板所列作业内容均不相近，存在作业票模板未涵盖的作业，应办理通用作业票。

2.2.6 填用现场勘察记录的工作：

　　（1）评估风险等级为三级及以上的作业。

　　（2）现场实际风险作业过程中，发现必备条件和风险控制关键因素发生明显变化的作业。

3. 一 般 规 定

3.1 不同作业工序，当满足同一区域、同一班组、同一类型的条件时，可依据工程施工实际，合并办理一张作业票。

3.2 对工序和作业内容、安全措施、主要作业人员相同，作业地点不同的同类作业，可依据工程施工实际，合并办理一张作业票。

3.3 合并办理的作业票，可包含最多一项三级及以上风险作业和多项四级、五级风险作业，按其中最高的风险等级确定作业票种类，作业票终结以最高等级的风险作业为准，未完成的其他风险作业延续到后续作业票。

3.4 施工作业票 A、施工作业票 B 应包含"作业必备条件"和"作业过程风险预控措施"，其中"现场风险复测变化情况及补充控制措施"，应由工作负责人按照现场实际勘察结果进行补充填写。

3.5 业主方直接委托的变电站消防工程、钢结构彩板安装施工、装配式围墙施工等专业承包商独立完成的作业，由专业承包商将施工作业票签发人、工作负责人、安全监护人报监理项目部备案，监理项目部负责督促专业承包商开具作业票。

3.6 一个班组同一时间只能执行一张施工作业票。在同一时间段内，工作负责人、工作班成员不得重复出现在不同的执行中的施工作业票上。

3.7 施工周期超过一个月或一项施工作业工序已完成、重新开始同一类型其他地点的作业，应重新审查安全措施和交底。作业现场风险等级等条件发生变化的，应完善措施，重新办理施工作业票。

3.8 现场勘察要求：

（1）现场勘察应由施工作业票签发人或工作负责人组织，安全、技术等相关人员参加。

（2）现场勘察应察看施工作业现场周边有无影响作业的建构筑物、地下管线、邻近设备、交叉跨越及地形、地质、气象等作业现场条件及其他影响作业的风险因素，并提出安全措施和注意事项。

（3）现场勘察记录应送交施工作业票签发人、工作负责人及相关各方，作为填写、签发施工作业票等的依据。

（4）施工作业票签发人或工作负责人在作业前应重新核对现场勘察情况，发现与原勘察情况有变化时，应及时修正、完善相应的安全措施。

4. 办 理 与 审 核

4.1　工作负责人应使用基建管理系统（e基建）办理作业票。

4.2　具体办理时，工作负责人选取相应的作业票模板，依据作业内容，进一步编辑、完善作业票信息，主要包括：初勘复测后风险等级、工序及作业内容、作业部位、方案技术要点、所执行方案名称和编号，以及开始时间、结束时间、参与作业的人员及分工、作业过程风险控制措施、现场风险复测变化情况及补充控制措施等，保留当日的实际情况，其他无关的不勾选。

4.3　作业票包含多项作业内容时，"开始时间"应为最早一项作业开始的时间；"结束时间"应为最后一项作业实际结束的时间。

4.4　作业票中的"工序及作业内容""作业部位"应涵盖所有需开票的作业内容，"执行方案名称"应包含每项作业内容所对应的施工方案。

4.5　作业票中的"方案技术要点"，工作负责人应从方案中提炼出影响质量和工艺最为关键的技术要求，并在现场交底时予以强调和明确。

4.6　作业票中的"具体人员分工"，工作负责人、安全监护人员、施工技术人员、特种作业人员、厂家技术人员等为主要作业人员，"其他施工人员"为具体配合人员。"施工人数"为"具体人员分工""其他施工人员"等所有现场作业人数之和。

4.7　施工作业票应根据施工周计划编制。施工作业票编制人应为工作负责人，施工作业票A的审核人为班组安全员、技术员，签发人为施工项目总工；施工作业票B的审核人为施工项目部安全员、技术员，签发人为施工项目经理。

4.8　工作负责人填写作业票后提报作业票审核人审核（安全、技术），审核通过后提报作业票签发人审批，审核人、签发人认为作业票填写有问题或认为作业条件不具备，应将作业票退回工作负责人进行修改或取消作业。

4.9　由施工单位委托的专业分包作业，由专业分包商自行开具作业票。专业分包商应将工作票签发人、工作负责人、安全监护人报施工项目部备案，经施工项目部培训合格后方可上岗。

5. 签 发 与 执 行

5.1　作业票应提前一天办理并完成审核，维护至待执行状态。作业开始前，作业票签发人完成签发，作业票维护至执行中状态。作业票签发完成后，因外部原因无法实施的作业，可直接结束该作业票。

5.2 每日作业前，工作负责人必须组织站班会，工作负责人或安全员要再次通过读票方式，针对当日作业工序的对应安全措施进行交底，有针对性抽取部分人员，正确回答安全控制措施的核心内容后方可作业。

5.3 实施作业前，应对照检查"作业必备条件"和当日"作业过程风险控制措施"内容，检查现场的安全条件有无变化、风险控制措施落实情况，在"每日站班会及风险控制措施检查记录表"中逐项勾选，确认符合情况后方可组织开始作业。

5.4 当作业现场风险情况有变化，或需要其他补充措施，可在"现场风险复测变化情况及补充控制措施"中增加。当主要作业人员（指工作负责人、安全监护人、技术质检员和特种作业人员等）、机械机具、安全环境等条件发生重大变化，应重新办理作业票，并根据实际情况，调整完善风险控制措施，重新交底。

5.5 作业期间，每日所有参加作业的施工人员，需在"每日站班会及风险控制措施检查记录表"中参加施工人员签名栏签字，当日施工人员必须是作业票里明确的人员。当辅助配合人员有新增时，应重新组织对新增人员交底，其参与作业前，应在作业票备注栏明确。

5.6 非特殊情况不得变更工作负责人，如需变更工作负责人，则应由变更后工作负责人在 e 基建系统中重新办理作业票。变更工作负责人应由工作票签发人同意，原、现工作负责人应对工作任务和安全措施进行交接。

6. 间 断 与 终 结

6.1 因作业计划调整、现场作业条件变化（包括但不限于人员、机械、天气、环境等因素）导致现场暂时不能开展作业时，应暂停作业票使用，工作负责人在 e 基建中将对应风险维护至"暂停执行"后，作业票自动从"执行中"切换为"暂停中"，该票无法继续使用。当满足作业条件后，工作负责人在 e 基建中将对应风险维护至"正在执行"后，作业票自动从"暂停中"切换为"执行中"，该票可继续使用。

6.2 因现场作业条件发生较大变化，安全措施、技术措施不能满足作业需求，应中止该作业，在做好现场安全措施后，人员、机械撤离现场，工作负责人将作业票维护至"已结束"。待重新办理新的作业票后方可入场作业。

6.3 施工作业结束后，工作班应清扫、整理现场，工作负责人应全面检查作业地点的状况，落实现场安全防护措施，待全体作业人员撤离工作地点返回驻地后，向施工作业票签发人汇报，经许可后在 e 基建终结作业票。

6.4 作业票最大使用期限为 1 个自然月（30 天），超过 1 个月时，需重新办理并重新交底。

7. 统　计　与　管　理

7.1　各单位应定期统计分析作业票使用和执行情况，对发现的问题及时制定整改措施。

7.2　各在建工程每月对所执行的作业票进行整理、汇总、统计、分析。

7.3　各单位项目管理部门每季度对所执行的作业票进行分析、评价和考核。

7.4　各单位安监部门每半年至少抽查调阅一次作业票。

7.5　有下列情况之一者统计为不合格作业票：

（1）作业票类型使用错误。

（2）作业任务不明确或作业分工不明确。

（3）作业票所列作业必备条件未逐一确认并勾选。

（4）作业票项目填错或漏填。

（5）工作班成员变更未按照规定履行手续。

（6）未按规定填写作业票附件"每日站班会及风险控制措施检查记录表"。

（7）关键人员未到岗履职签字。

（8）作业票无移动布控球信息。

（9）未列入上述标准，其他违反《电建安规》和上级有关规定的。

7.6　作业票合格率的统计方法

合格率 ＝（已执行的总票数 － 不合格的总票数）/（已执行的总票数）×100%

7.7　已执行的作业票应至少保存至工程竣工。

8. 作 业 票 填 写 规 范

8.1　输变电工程施工作业票 A

8.1.1　输变电工程施工作业票 A 格式

×××工程（分项工程名称）施工作业票 A

工程名称：　　　　　　　　　　　编号：SZ－A×－×××××××××××××××－××××

建设单位		监理单位			施工单位	
施工班组		初勘 风险等级			复测后 风险等级	
作业类型、 工序及部位						
实际开始 时间		实际结束 时间				
执行方案名称					施工人数	

方案技术要点		
具体人员分工	1. 工作负责人： 3. 机械操作工： 5. 其他施工人员：	2. 安全监护人： 4. 特种作业人员：（指明操作项目）
主要风险	机械伤害、高处坠落、物体打击、触电、起重伤害、中毒、窒息、火灾、其他伤害等	

作业必备条件	确认
1. 特种作业人员持证上岗	☐
2. 作业人员无妨碍工作的职业禁忌	☐
3. 无超龄或年龄不足人员参与作业	☐
4. 配备个人安全防护用品，并经检验合格，齐全、完好	☐
5. 结构性材料有合格证	☐
6. 按规定需送检的材料送检并符合要求	☐
7. 编制安全技术措施，安全技术方案制定并经审批或专家论证	☐
8. 施工人员经安全教育培训，并参加过本工程技术安全措施交底	☐
9. 确保高原医疗保障系统运转正常，施工人员经防疫知识培训、习服合格，施工点必须配备足够的应急药品和吸氧设备，尽量避免在恶劣气象条件下工作（仅高海拔地区施工需做此项检查）	☐
10. 施工机械、设备有合格证并经检测合格	☐
11. 工器具经准入检查，完好，经检查合格有效	☐
12. 安全文明施工设施配置符合要求，齐全、完好	☐
13. 各工作岗位人员对施工中可能存在的风险控制措施清楚	☐

作业过程风险控制措施
一、安全综合控制措施 二、现场风险复测变化情况及补充控制措施 1. 变化情况 2. 控制措施

全员签名				

新增人员签名：

工作负责人		审核人（班组安全员、技术员）	
安全监护人		签发人（项目总工）	
签发日期			
备注	作业计划编号		

注：《每日站班会及风险控制措施检查记录表》作为施工作业票附件，代替站班会记录。

每日站班会及风险控制措施检查记录表（票 A 附件）

作业票票号：				
作业部位及内容			施工日期	
工作负责人			第一作业面安全监护	
第二作业面安全监护			第三作业面安全监护	

检查内容				
三交	交任务	施工作业票所列工作任务已宣读清楚		□
	交安全	1. 交安全措施（见作业过程风险控制措施）已宣读清楚。 2. 补充安全措施已交待清楚		□ □
	交技术	1. 施工作业票所列安全技术措施已宣读清楚。 2. 补充技术措施已交待清楚		□ □
检查内容	三查(查衣着、查三宝、查精神状态)、查作业必备条件	1. 作业人员着装规范、精神状态良好，经安全培训。 2. 施工机械、设备有合格证并经检测合格。 3. 工器具经准入检查，完好，经检查合格有效。 4. 安全文明施工设施符合要求，齐全、完好。 5. 施工人员对工作分工清楚。 6. 各工作岗位人员对施工中可能存在的风险及控制措施清楚		□ □ □ □ □ □
	当日控制措施检查	具体执行见作业过程风险控制措施		
	备注			

参加施工人员签名：

作业过程风险控制措施

当日需执行措施	落实情况
一、综合控制措施	
□	□
□	□
□	□
□	□
□	□

二、现场风险复核变化情况及补充控制措施

现场复核内容	风险控制关键因素	条件满足情况	风险异常原因
作业人员异常	作业班组骨干人员（工作负责人、班组安全员、班组技术员、作业面监护人、特殊工种）有同类作业经验，连续作业时间不超过 8h	□	
机械设备异常	机具设备工况良好，不超年限使用；起重机械起吊荷载不超过额定起重量的 90%	□	
周围环境	周边环境（含运输路况）未发生重大变化	□	
气候情况	无极端天气状况	□	
地质条件	地质条件无重大变化	□	
临近带电体作业	作业范围与带电体的距离满足《安规》要求	□	
交叉作业	交叉作业采取安全控制措施	□	
补充安全控制措施			

风险复测人				
当日风险等级				
到岗到位签到表				
单位	姓名	职务/岗位	备注	
建设单位				
监理单位				
施工单位				
业主项目部				
监理项目部				
施工项目部				

8.1.2 输变电工程施工作业票 A 填写规范

（1）作业票名称：应填写"分项工程名称＋施工作业票 A"，例如"变电站混凝土建筑工程施工作业票 A"（采用基建管控系统开票则根据前期维护的风险库信息自动关联并自动填写）。

（2）作业票编号：作业票签发完成后，由签发人统一编号，编号规则如下（通过基建管理系统开票，会自动提取该编号）：

$$SZ-AD-\times\times\times\times\times\times\times\times\times\times\times\times\times\times\times\times-\times\times\times\times$$

其中，SZ 为固定编号（即所有作业票编号均以 SZ 开头），"S"代表施工，"Z"代表作业票；

"A"代表作业票种类，若为 A 票则编号为 A，若为 B 票则编号为 B；

"D"代表作业票的最高风险等级，若最高风险等级为 1 级则编号为 1，依此类推；

后缀为 16 位标段编码和 4 位流水号，标段编码应与基建管理系统保持一致，4 位流水号可以手填，以 0001 起始，按顺序逐次编号，最大编号为 9999。因外部原因无法实施的作业票，可作废处理，但需保留其编号，不可重复使用。

（3）建设单位、监理单位、施工单位：应按所签署的合同填写单位全称（采用基建管控系统开票则自动填写）。

（4）施工班组：按照施工单位配置在施工项目部的成建制班组名称填写，例如"土建一班"（采用基建管控系统开票则根据工作负责人所在班组信息自动填写）。

（5）初勘风险等级：根据工程开工后现场勘察风险等级，施工作业票 A 应为四级或五级（采用基建管控系统开票则根据前期维护的风险库信息自动填写）。

（6）复测后风险等级：工作负责人根据现场实际复测后手工填写。

（7）作业类型、工序及部位：根据作业信息据实填写（采用基建管控系统开票则根据前期维护的风险库信息自动填写）。

（8）实际开始时间、实际结束时间：据实填写，精确到分钟（采用基建管控系统开票则根据工作负责人确认开工和结束时自动填入）。

（9）执行方案名称：工作负责人手工填写。

（10）施工人数：工作负责人手工填写，包含该施工班组的全部参建人员（采用基建管控系统开票则根据工作负责人点选人员名单自动统计填写）。

（11）方案技术要点：工作负责人根据施工方案据实填写，重要施工工序的技术要点。

（12）具体人员分工：工作负责人根据施工方案分配工作岗位，根据典型作业票模板所列分工，不能有空缺。

（13）主要风险：工作负责人根据勘察结果填写（采用基建管控系统开票则根据实际情况点选）。

（14）作业必备条件：工作负责人根据实际情况点选。

（15）作业过程风险控制措施：综合控制措施为工作负责人根据实际要求填写（采用基建管控系统开票则由点选的典型作业票自动填写），现场风险复测变化情况及补充控制措施由工作负责人根据实际情况手动填写。

（16）全员签名：班组参与作业的人员全员签名（采用基建管控系统开票则进行刷脸签名或工作负责人点选）。

（17）新增人员签名：作业票正在执行中，需要增加人员（包含施工人员及临时人员、厂家人员）时，需履行交底手续后由新增人员签名，工作负责人签署到岗时间。

（18）工作负责人：实施该项作业的负责人。

（19）审核人：该班组的安全员、技术员双审核签字。

（20）安全监护人：现场作业监护人，每个作业面至少配置一人。

（21）签发人：该项目的施工项目部总工签发。

（22）签发日期：总工履行签发手续的日期，为该作业票生效时间。

（23）备注：填写作业计划编号等内容。作业计划编号指安全风险管控监督平台作业计划编号。

8.1.3 输变电工程施工作业票 A 附件填写规范

（1）作业票票号、作业部位及内容、工作负责人、作业面安全监护：与作业票信息相同。

（2）施工日期：作业当天日期。

（3）三交、检查内容：按照职责履行手续后勾选，信息尽量不做修改（采用基建管控系统开票则根据履行情况进行勾选）。

（4）参加施工人员签名：当日参建人员签名（采用基建管控系统则刷脸签名或工作负责人进行人名勾选）。

（5）综合控制措施：根据当日作业情况，在开工前勾选所需的"综合控制措施"，根据措施实施情况勾选"落实情况"。

（6）现场风险复核变化情况及补充控制措施：根据当日作业现场实际情况填写，如补充安全控制措施后风险复核高于四级，则终止此施工作业票A，重新开具施工作业票B实施作业。

（7）风险复测人：填写工作负责人姓名。

（8）当日风险等级：根据作业时的实际情况并复测后确定，施工作业票A应为四级或五级。

（9）到岗到位签到表：四级或五级风险班组骨干必须签到，安全风险管理人员可根据实际参与情况签到。

8.2 输变电工程施工作业票B

8.2.1 输变电工程施工作业票B格式

×××工程（分项工程名称）施工作业票B

工程名称：　　　　　　　　　　　编号：SZ－B×－×××××××××××××××－××××

建设单位		监理单位		施工单位	
施工班组		初勘 风险等级		复测后 风险等级	
作业类型、 工序及部位					
作业部位		地理位置			
实际开始时间		实际结束时间			
执行方案名称				施工人数	
方案技术要点					
具体人员分工	1. 工作负责人： 3. 机械操作工： 5. 其他施工人员：		2. 安全监护人： 4. 特种作业人员：（指明操作项目）		
主要风险	机械伤害、高处坠落、物体打击、触电、起重伤害、中毒、窒息、火灾、电网停运、其他伤害等				

作业必备条件	确认
1. 特种作业人员持证上岗	□
2. 作业人员无妨碍工作的职业禁忌	□
3. 无超龄或年龄不足人员参与作业	□
4. 配备个人安全防护用品，并经检验合格，齐全、完好	□
5. 结构性材料有合格证	□
6. 按规定需送检的材料送检并符合要求	□
7. 编制安全技术措施，安全技术方案制定并经审批或专家论证	□
8. 施工人员经安全教育培训，并参加过本工程技术安全措施交底	□
9. 确保高原医疗保障系统运转正常，施工人员经防疫知识培训、习服合格，施工点必须配备足够的应急药品和吸氧设备，尽量避免在恶劣气象条件下工作（仅高海拔地区施工需做此项检查）	□
10. 施工机械、设备有合格证并经检测合格	□
11. 工器具经准入检查，完好，经检查合格有效	□
12. 安全文明施工设施配置符合要求，齐全、完好	□
13. 各工作岗位人员对施工中可能存在的风险控制措施清楚	□

作业过程风险控制措施				
一、关键点作业安全控制措施				
二、安全综合控制措施				
三、现场风险复测变化情况及补充控制措施 1. 变化情况				
2. 控制措施				
全员签名				
新增人员签名：				
工作负责人		审核人（项目部安全、技术专责）		
安全监护人		签发人 （项目经理）		
监理人员 （三级及以上风险）		业主项目经理/业主项目部 安全专责 （二级风险）		
签发日期				
备注	作业计划编号			

注：《每日站班会及风险控制措施检查记录表》作为施工作业票附件，代替站班会记录。

每日站班会及风险控制措施检查记录表（票 B 附件）

作业票票号：					
作业部位及内容			施工日期		
工作负责人			第一作业面安全监护		
第二作业面安全监护			第三作业面安全监护		
三交	交任务	施工作业票所列工作任务已宣读清楚			□
	交安全	1. 交安全措施（见作业过程风险控制措施）已宣读清楚。 2. 补充安全措施已交待清楚			□ □
	交技术	1. 施工作业票所列安全技术措施已宣读清楚。 2. 补充技术措施已交待清楚			□ □

检查内容	三查（查衣着、查三宝、查精神状态）、查作业必备条件	1.作业人员着装规范、精神状态良好，经安全培训。 2.施工机械、设备有合格证并经检测合格。 3.工器具经准入检查，完好，经检查合格有效。 4.安全文明施工设施符合要求，齐全、完好。 5.施工人员对工作分工清楚。 6.各工作岗位人员对施工中可能存在的风险及控制措施清楚	□ □ □ □ □ □
	当日控制措施检查	具体执行见作业过程风险控制措施	
备注			

参加施工人员签名：

作业过程风险控制措施

当日需执行措施	落实情况
一、关键点作业安全控制措施	
□	□
□	□
□	□
□	□
□	□
□	□
二、综合控制措施	
□	□
□	□
□	□
□	□
□	□

三、现场风险复核变化情况及补充控制措施

现场复核内容	风险控制关键因素	条件满足情况	风险异常原因
作业人员异常	作业班组骨干人员（工作负责人、班组安全员、班组技术员、作业面监护人、特殊工种）有同类作业经验，连续作业时间不超过 8h	□	
机械设备异常	机具设备工况良好，不超年限使用；起重机械起吊荷载不超过额定起重量的 90%	□	
周围环境	周边环境（含运输路况）未发生重大变化	□	
气候情况	无极端天气状况	□	
地质条件	地质条件无重大变化	□	
临近带电体作业	作业范围与带电体的距离满足《安规》要求	□	
交叉作业	交叉作业采取安全控制措施	□	

补充安全控制措施				
风险复测人				
当日风险等级				
到岗到位签到表				
单位	姓名		职务/岗位	备注
建设单位				
监理单位				
施工单位				
业主项目部				
监理项目部				
施工项目部				

8.2.2 输变电工程施工作业票 B 填写规范

（1）作业票名称：应填写"分项工程名称＋施工作业票 B"，例如"变电站防火墙框架工程施工作业票 B"（采用基建管控系统开票则根据前期维护的风险库信息自动关联并自动填写）。

（2）作业票编号：作业票签发完成后，由签发人统一编号，编号规则如下（通过基建管理系统开票，会自动提取该编号）：

SZ－AD－×××××××××××××××××－××××

其中，SZ 为固定编号（即所有作业票编号均以 SZ 开头），"S"代表施工，"Z"代表作业票；

"A"代表作业票种类，若为 A 票则编号为 A，若为 B 票则编号为 B；

"D"代表作业票的最高风险等级，若最高风险等级为 1 级则编号为 1，依此类推；

后缀为 16 位标段编码和 4 位流水号，标段编码应与基建管理系统保持一致，4 位流水号可以手填，以 0001 起始，按顺序逐次编号，最大编号为 9999。因外部原因无法实施的作业票，可作废处理，但需保留其编号，不可重复使用。

（3）建设单位、监理单位、施工单位：应按所签署的合同填写单位全称（采用基建管控系统开票则自动填写）。

（4）施工班组：按照施工单位配置在施工项目部的成建制班组名称填写，例如"土建一班"（采用基建管控系统开票则根据工作负责人所在班组信息自动填写）。

（5）初勘风险等级：根据工程开工后现场勘察风险等级，施工作业票 B 应为三级及以上（采用基建管控系统开票则根据前期维护的风险库信息自动填写）。

（6）复测后风险等级：工作负责人根据现场实际复测后手工填写。

（7）作业类型、工序及部位：根据作业信息据实填写（采用基建管控系统开票则根据前期维护的风险库信息自动填写）。

（8）实际开始时间、实际结束时间：据实填写，精确到分钟（采用基建管控系统开票则根据工作负责人确认开工和结束时自动填入）。

（9）执行方案名称：工作负责人手工填写。

（10）施工人数：工作负责人手工填写，包含该施工班组的全部参建人员（采用基建管控系统开票则根据工作负责人点选人员名单自动统计填写）。

（11）方案技术要点：工作负责人根据施工方案据实填写，重要施工工序的技术要点。

（12）具体人员分工：工作负责人根据施工方案分配工作岗位，根据典型作业票模板所列分工，不能有空缺。

（13）主要风险：工作负责人根据勘察结果填写（采用基建管控系统开票则根据实际情况点选）。

（14）作业必备条件：工作负责人根据实际情况点选。

（15）作业过程风险控制措施：关键点作业安全控制措施、安全综合控制措施为工作负责人根据实际要求填写（采用基建管控系统开票则由点选的典型作业票自动填写），现场风险复测变化情况及补充控制措施由工作负责人根据实际情况手动填写。

（16）全员签名：班组参与作业的人员全员签名（采用基建管控系统开票则进行刷脸签名或工作负责人点选）。

（17）新增人员签名：作业票正在执行中，需要增加人员（包含施工人员及临时人员、厂家人员）时，需履行交底手续后由新增人员签名，工作负责人签署到岗时间。

（18）工作负责人：实施该项作业的负责人。

（19）审核人：该施工项目部的安全员、技术员双审核签字。

（20）安全监护人：现场作业监护人，每个作业面至少配置一人。

（21）签发人：该项目的施工项目经理签发。

（22）监理人员、业主项目经理/业主项目部安全专责：该项目的安全监理或总监理工程师签字确认，如该项作业为二级及以上作业，需业主项目经理签字确认。

（23）签发日期：三级风险为监理人员签发手续的日期，二级及以上为业主项目经理签字的日期，为该作业票生效时间。

（24）备注：填写作业计划编号等内容。作业计划编号指安全风险管控监督平台作业计划编号。

8.2.3 输变电工程施工作业票 B 附件填写规范：

（1）作业票票号、作业部位及内容、工作负责人、作业面安全监护：与作业票信息相同。

（2）施工日期：作业当天日期。

（3）三交、检查内容：按照职责履行手续后勾选，信息尽量不做修改（采用基建管控系统开票则根据履行情况进行勾选）。

（4）参加施工人员签名：当日参建人员签名（采用基建管控系统则刷脸签名或工作负责人进行人名勾选）。

（5）综合控制措施：根据当日作业情况，在开工前勾选所需的"综合控制措施"，根据措施实施情况勾选"落实情况"。

（6）现场风险复核变化情况及补充控制措施：根据当日作业现场实际情况填写。

（7）风险复测人：填写工作负责人姓名。

（8）当日风险等级：根据作业时的实际情况并复测后确定，施工作业票B应为三级及以上。

（9）到岗到位签到表：三级风险为项目部层级现场督查，二级风险为项目部关键人员全程监督，参建单位分管负责人现场督查。

8.3 现场勘察记录

8.3.1 现场勘察记录格式

现 场 勘 察 记 录

勘察日期：

勘察单位		勘察负责人		
勘察人员				
作业项目		作业地点		
作业内容		风险等级	□初勘___级	□复测___级
勘察线路或设备的名称（多回应注明称号及方位）：				
1. 需要停电的设备：				
2. 保留的带电部位：				
3. 交叉跨越的部分：				
4. 作业现场的条件、环境及其他危险点等：				
5. 应采取的安全措施：				
6. 附图与说明：				

注：1. 现场勘察应由施工作业票签发人或工作负责人组织，安全、技术等相关人员参加。超过一定规模的危险性较大的分部分项工程需设计人员参加。

2. 应用本表时，其格式可依据实际情况进行优化，但关键内容不得缺失。

3. 当本表用于复测时，"应采取的安全措施"栏中必须有结论，确定风险是否升级（不变或降级）。

8.3.2 现场勘察记录填写规范

（1）勘察日期：开展现场勘察的实际日期。

（2）勘察单位：填写施工单位全称。

（3）勘察负责人/勘察人员：组织该项勘察工作的负责人。现场勘察应由施工作业票签发人或工作负责人组织，安全、技术等相关人员参加。超过一定规模的危险性较大的分部分项工程需设计人员参加。

（4）作业项目、作业地点、作业内容：根据设计方案、设计图纸的标准名称填写。

（5）风险等级：工作负责人根据现场勘察情况填写。

（6）勘察的线路或设备名称：根据设计方案（图纸）所列名称填写。

（7）需要停电的设备、保留的带电部位、交叉跨越的部分、作业现场的条件、环境及其他危险点等、应采取的安全措施、附图与说明：由记录人根据现场勘察内容进行填写。

9. 作 业 票 样 例

9.1 输变电工程施工作业票 A 样例

机械冲、钻孔灌注桩施工作业票 A

工程名称：驻马店—武汉特高压交流工程（河南段）　　　编号：SZ－A4－1117001800040101－1453

建设单位	国网河南建设分公司	监理单位	河南立新监理咨询有限公司		施工单位	河南送变电建设有限公司
施工班组	基础施工二班		初勘风险等级	4	复测后风险等级	4
作业类型、工序及部位	机械冲、钻孔灌注桩基础作业：机械冲、钻孔灌注桩基础作业 1S123N；工地运输：人力、车辆或畜力运输（含栈桥搭设、拆除施工）1S123N；钢筋工程：钢筋加工 1S123N					
实际开始时间	2023－02－24 13:46:38		实际结束时间		2023－03－03 11:12:23	
执行方案名称	灌注桩基础施工方案				施工人数	12
方案技术要点	1. 水下灌注砼应连续进行，不得中断，为此应备足商品混凝土或备足砂、石、水泥等原材料。对浇制过程中的一切故障均应记录备案。 2. 控制最后一次灌注量，桩顶不得偏低，应凿除的泛浆高度必须保证暴露的桩顶混凝土达到强度设计值。桩顶露高必须满足浇灌时地脚螺栓的安装。 3. 钻孔过程中，当出现卡钻、机架摇晃、移动、偏斜或钻头内发出有节奏的响声时，应立即停钻，经查明原因并处理后，方可再行进钻。 4. 控制好根开、钻孔深度、基础翻浆					
具体人员分工	1. 工作负责人：盛×斌 2. 安全监护人：孔×计 3. 施工技术员（测工）：程×勇 4. 其他施工人员：盛×斌（班长兼指挥），孔×计（班组安全员），程×勇（班组技术员兼质检员），陈×闯（特种作业人员），营×锋（特种作业人员），刘×高（特种作业人员），吕×康（特种作业人员），滕×丰（特种作业人员），吴×涛（特种作业人员），吴×伏（一般作业人员），杨×俊（一般作业人员），赵×伟（特种作业人员） 5. 临时人员：					
主要风险	坍塌、淹溺、机械伤害、物体打击、交通事故、其他伤害等					

作业必备条件	确认
1. 特种作业人员持证上岗	☑
2. 作业人员无妨碍工作的职业禁忌	☑
3. 无超龄或年龄不足人员参与作业	☑
4. 配备个人安全防护用品，并经检验合格，齐全、完好	☑
5. 结构性材料有合格证	☑
6. 按规定需送检的材料送检并符合要求	☑
7. 编制安全技术措施，安全技术方案制定并经审批或专家论证	☑
8. 施工人员经安全教育培训，并参加过本工程技术安全措施交底	☑
9. 确保高原医疗保障系统运转正常，施工人员经防疫知识培训、习服合格，施工点必须配备足够的应急药品和吸氧设备，尽量避免在恶劣气象条件下工作（仅高海拔地区施工需做此项检查）	☐
10. 施工机械、设备有合格证并经检测合格	☑
11. 工器具经准入检查，完好，经检查合格有效	☑
12. 安全文明施工设施配置符合要求，齐全、完好	☑
13. 各工作岗位人员对施工中可能存在的风险控制措施清楚	☑

作业过程风险控制措施

一、安全综合控制措施
1. 桩机就位，井机的井架由专人负责。
2. 钻进操作过程中钻机支架牢固，护筒按规定埋设，有足够的水压，对地质条件要掌握，注意观察钻机周围的土质变化。
3. 冲孔操作时，随时注意钻架安定平稳，钻机和冲击锤机运转时不得进行检修。
4. 泥浆池设安全围栏，将泥浆池、已浇注桩围栏好并挂上安全标志。
5. 采用吊车起吊钢筋笼时，先将钢筋笼运送到吊臂下方，吊车司机平稳起吊，设人拉好方向控制绳，严禁斜吊。
6. 导管安装与下放时，施工人员听从统一指挥，吊杆下面不准站人，导管在起吊过程中要有人用绳索溜着，使导管能按预想的方向或位置移动。
7. 采用泵送混凝土时，导管两侧1m范围内不得站人；导管出料口正前方30m内禁止站人。
8. 发电机、配电箱、桩机等用电设备可靠接地。
二、现场风险复测变化情况及补充控制措施
1. 变化情况
经复测，现场风险无变化，但目前防疫形式十分严峻。
2. 控制措施
做好进场前体温测量和每日消杀，落实防疫措施

全员签名

盛×斌 ☑	孔×计 ☑	程×勇 ☑	陈×闯 ☑	菅×锋 ☑	刘×高 ☑
吕×康 ☑	滕×丰 ☑	吴×涛 ☑	吴×伏 ☑	杨×俊 ☑	赵×伟 ☑

临时人员：

工作负责人	盛×斌	审核人（班组安全员、技术员）	孔×计、程×勇
安全监护人	孔×计	签发人（项目经理/总工）	李×亮
签发日期	2023-02-23　23:10:49		
备注	作业计划编号：SBD-2302240001Z		

注：1.《每日站班会及风险控制措施检查记录表》作为施工作业票附件，代替站班会记录。

2. 新增人员包含入库人员及临时人员（厂家人员）。

每日站班会及风险控制措施检查记录表（票 A 附件）

作业票票号：SZ－A4－1117001800040101－1453			
作业类型、工序及部位	机械冲、钻孔灌注桩基础作业机械冲、钻孔灌注桩基础作业，1S123N，人力、车辆或畜力运输（含栈桥搭设、拆除施工），工地运输，1S123N 钢筋加工、钢筋工程，1S123N	施工日期	2023－02－24 07:50:42
工作负责人	盛×斌	第一作业面安全监护	孔×计
第二作业面安全监护		第三作业面安全监护	

三交	交任务	施工作业票所列工作任务已宣读清楚	☑
	交安全	1. 交安全措施（见作业过程风险控制措施）已宣读清楚。 2. 补充安全措施已交待清楚	☑ ☑
	交技术	1. 施工作业票所列安全技术措施已宣读清楚。 2. 补充技术措施已交待清楚	☑ ☑
检查内容	三查（查衣着、查三宝、查精神状态）、查作业必备条件	1. 作业人员着装规范、精神状态良好，经安全培训。 2. 施工机械、设备有合格证并经检测合格。 3. 工器具经准入检查，完好，经检查合格有效。 4. 安全文明施工设施符合要求，齐全、完好。 5. 施工人员对工作分工清楚。 6. 各工作岗位人员对施工中可能存在的风险及控制措施清楚	☑ ☑ ☑ ☑ ☑ ☑
	当日控制措施检查	具体执行见作业过程风险控制措施	
	备注	今天现场施工人员10人，2人在家休息，钻机操作贾滕×丰，挖机操作陈×闯吊车操作吕×康，吊车指挥赵×伟，吊车司索工萱×锋	

参加施工人员签名：
盛×斌☑ 营×锋☑ 吴×涛☐ 孔×计☑ 刘×高☐ 吴×伏☑ 程×勇☑ 吕×康☑ 杨×俊☑ 陈×闯☑
滕×丰☑ 赵×伟☑

作业过程风险控制措施

	当日需执行措施	落实情况
	一、综合控制措施	
☑	1. 桩机就位，井机的井架由专人负责	☑
☑	2. 钻进操作过程中钻机支架牢固，护筒按规定埋设，有足够的水压，对地质条件要掌握，注意观察钻机周围的土质变化	☑
☑	3. 冲孔操作时，随时注意钻架安定平稳，钻机和冲击锤机运转时不得进行检修	☑
☑	4. 泥浆池设安全围栏，将泥浆池已浇注桩围栏好并挂上安全标志	☑
☑	5. 采用吊车起吊钢筋笼时，先将钢筋笼运送到吊臂下方，吊车司机平稳起吊，设人拉好方向控制绳，严禁斜吊	☑
☑	6. 导管安装与下放时，施工人员听从统一指挥，吊杆下面不准站人，导管在起吊过程中要有人用绳索溜着，使导管能按预想的方向或位置移动	☑
☑	7. 采用泵送混凝土时，导管两侧1m范围内不得站人；导管出料口正前方30m内不得站人	☑
☑	8. 发电机、配电箱、桩机等用电设备可靠接地	☑

二、现场风险复核变化情况及补充控制措施

现场复核内容	风险控制关键因素	条件满足情况	风险异常原因
作业人员异常	作业班组骨干人员（工作负责人、班组安全员、班组技术员、作业面监护人、特殊工种）有同类作业经验，连续作业时间不超过 8h	☑	
机械设备异常	机具设备工况良好，不超年限使用；起重机械起吊荷载不超过额定起重量的 90%	☑	现场风险无变化，目前防疫形式十分严峻
周围环境	周边环境（含运输路况）未发生重大变化	☑	
气候情况	无极端天气状况	☑	
地质条件	地质条件无重大变化	☑	
临近带电体作业	作业范围与带电体的距离满足《安规》要求	☐	
交叉作业	交叉作业采取安全控制措施	☐	
补充安全控制措施	做好进场前体温测量和每日消杀，落实防疫措施		
风险复测人	盛×斌		
当日风险等级	4 级		

到岗到位签到表			
单位	姓名	职务/岗位	备注
建设单位			
监理单位			
施工单位			
业主项目部			
监理项目部			
施工项目部	李×洪 孔×计	施工安全员	

9.2 输变电工程施工作业票 B 样例

输变电工程施工作业票 B

工程名称：驻马店—武汉特高压交流工程（河南段）　　　编号：SZ－B3－1117001800040101－1556

建设单位	国网河南建设分公司	监理单位	河南立新监理咨询有限公司	施工单位	河南送变电建设有限公司
施工班组	铁塔组立十五班	初勘风险等级	3	复测后风险等级	3
作业类型、工序及部位	角钢塔（钢管塔）施工；流动式起重机立塔（塔高 60m 以上）1S071				
实际开始时间	2023－01－19 10:25:36	实际结束时间	2023－01－25 16:28:30		
执行方案名称	铁塔组立施工方案			施工人数	21 人
方案技术要点	1. 立体结构：水平方向由内向外，垂直方向由下向上。 2. 平面结构：顺线路方向由小号向大号；横线路方向两侧由内向外，中间由左向右；垂直方向由下向上。 3. 螺栓规格使用错误：要求组塔施工时，螺栓应分类摆放，标识准确，避免螺栓混用、错用。组塔过程中，加强质量检验，对用错的螺栓及时进行更换。 4. 基础混凝土的抗压强度必须达到设计强度的 70% 的规定				

具体人员分工	1. 工作负责人：赵×泉 2. 安全监护人：王×德 3. 施工技术人员（测工）：卢×友 4. 其他施工人员：赵×泉（班组班长兼指挥），王×德（班组安全员），卢×友（班组技术兼质检员），蔡×彬（一般作业人员），邓×辉（特种作业人员），邓×华（特种作业人员），庚×贵（一般作业人员），何×明（一般作业人员），何×伦（特种作业人员），贺×洋（一般作业人员），黄×万（一般作业人员），李×生（特种作业人员），李×海（特种作业人员），刘×浏（一般作业人员），沙×几（特种作业人员），沙×且（特种作业人员），王×雄（一般作业人员），王×武（一般作业人员），向×富（特种作业人员），谢×军（一般作业人员），杨×明（特种作业人员） 5. 临时人员：张×洋
主要风险	机械伤害、物体打、击高处坠落、其他伤害等

作业必备条件	确认
1. 特种作业人员持证上岗	☑
2. 作业人员无妨碍工作的职业禁忌	☑
3. 无超龄或年龄不足人员参与作业	☑
4. 配备个人安全防护用品，并经检验合格，齐全、完好	☑
5. 结构性材料有合格证	☑
6. 按规定需送检的材料送检并符合要求	☑
7. 编制安全技术措施，安全技术方案制定并经审批或专家论证	☑
8. 施工人员经安全教育培训，并参加过本工程技术安全措施交底	☑
9. 确保高原医疗保障系统运转正常，施工人员经防疫知识培训、习服合格，施工点必须配备足够的应急药品和吸氧设备，尽量避免在恶劣气象条件下工作（仅高海拔地区施工需做此项检查）	☐
10. 施工机械、设备有合格证并经检测合格	☑
11. 工器具经准入检查，完好，经检查合格有效	☑
12. 安全文明施工设施配置符合要求，齐全、完好	☑
13. 各工作岗位人员对施工中可能存在的风险控制措施清楚	☑

作业过程风险控制措施

一、关键点作业安全控制措施

1. 工作负责人站班会上通过读票方式进行安全交底，并随机抽取3～5名施工人员提问，被提问人员清楚且回答正确后开始作业。

2. 起重机作业位置的地基稳固，附近的障碍物清除。衬垫支腿枕木不得少于两根且长度不得小于1.2m。

3. 起重机吊装杆塔必须指定专人指挥。

4. 指挥人员看不清作业地点或操作人员看不清指挥信号时，均不得进行起吊作业。

5. 起重臂及吊件下方划定作业区，地面设安全监护人，吊件垂直下方不得有人。

6. 吊件离开地面约100mm时暂停起吊并进行检查，确认正常且吊件上无搁置物及人员后方可继续起吊。

7. 塔脚板就位后，上齐匹配的垫板和螺帽，组立完成后拧紧螺帽及打毛丝扣。

8. 对已组塔段进行全面检查，螺栓紧固，吊点处不缺件。

9. 当风速达到六级及以上或大雨、大雪、大雾等恶劣天气时，停止露天的起重吊装作业。重新作业前，先试吊，并确认各种安全装置灵敏可靠后进行作业。

10. 仔细核对施工图纸的吊段参数，严格按照施工方案控制单吊重量，严禁超重起吊。

11. 临近带电体附近组塔时，施工方案经过专家论证、审查并批准，起重机必须接地良好。接地线截面不小于16mm²。起重机臂架、吊具、辅具、钢丝绳及吊物等与带电体的最小安全距离应符合安规要求。

二、安全综合控制措施

1. 起重设备吊装前选择确定合适的场地进行平整，衬垫支腿枕木不得少于两根且长度不得小于1.2m，认真检查各起吊系统，具备条件后方可起吊。

2. 高处作业人员在转移作业位置时不得失去保护，手扶的构件必须牢固。

3. 作业人员在间隔大的部位转移作业位置时，增设临时扶手，不得沿单根构件上爬或下滑。

4. 组装杆塔的材料及工器具严禁浮搁在已立的杆塔和抱杆上。

5. 构件连接对孔时，严禁将手指伸入螺孔找正。

6. 指挥人员看不清作业地点或操作人员看不清指挥信号时，均不得进行起吊作业。

7. 起重机在作业中出现异常时，应采取措施放下吊件，停止运转后进行检修，不得在运转中进行调整或检修。

作业过程风险控制措施
8. 使用两台起重机抬吊同一构件时，每台起重机承担的构件重量应考虑不平衡系数后且不应超过单机额定起吊重量的 80%。两台起重机应互相协调，起吊速度应基本一致。 9. 起重臂下和重物经过的地方禁止有人逗留或通过。

三、现场风险复测变化情况及补充控制措施
1. 变化情况
经复测，现场安全风险等级无变化，目前防疫形势严峻。
2. 控制措施
人员进场前进行每日体温测量，落实防疫措施

全员签名					
赵×泉 ☑	王×德 ☑	卢×友 ☑	蔡×彬 ☑	邓×辉 ☑	邓×华 ☑
庚×贵 ☑	何×明 ☑	何×伦 ☑	贺×洋 ☑	黄×万 ☑	李×生 ☑
李×海 ☑	刘×浏 ☑	沙×几 ☑	沙×且 ☑	王×雄 ☑	王×武 ☑
向×富 ☑	谢×军 ☑	杨×明 ☑			

临时人员：
张×洋 ☑

工作负责人	赵×泉	审核人（安全员、技术员）	殷×鹏、黄×波
安全监护人	王×德	签发人（项目经理/总工）	张×鑫
监理人员（三级及以上风险）	张×山	业主项目经理（二级风险）	
签发日期	2023－01－18　18:00:00		
备注	作业计划编号：JSF－Z－2301190016Z		

注：《每日站班会及风险控制措施检查记录表》作为施工作业票附件，代替站班会记录。

每日站班会及风险控制措施检查记录表（票 B 附件）

作业票票号：SZ－B3－1117001800040101－1556			
作业类型、工序及部位	流动式起重机立塔（塔高 60m 以上），角钢塔（钢管塔）施工，1S071	施工日期	2023－01－20 07:58:37
工作负责人	赵×泉	第一作业面安全监护	王×德
第二作业面安全监护		第三作业面安全监护	

检查内容	三交	交任务	施工作业票所列工作任务已宣读清楚	☑
		交安全	1. 交安全措施（见作业过程风险控制措施）已宣读清楚。	☑
			2. 补充安全措施已交待清楚	☑
		交技术	1. 施工作业票所列安全技术措施已宣读清楚。	☑
			2. 补充技术措施已交待清楚	☑
	三查（查衣着、查三宝、查精神状态）、查作业必备条件		1. 作业人员着装规范、精神状态良好，经安全培训。	☑
			2. 施工机械、设备有合格证并经检测合格。	☑
			3. 工器具经准入检查，完好，经检查合格有效。	☑
			4. 安全文明施工设施符合要求，齐全、完好。	☑
			5. 施工人员对工作分工清楚。	☑
			6. 各工作岗位人员对施工中可能存在的风险及控制措施清楚	☑
	当日控制措施检查		具体执行见作业过程风险控制措施	

备注	高空：赵×泉　邓×华　杨×明　李×生　沙×几　沙×且 指挥：何×伦　司索工：向×富 吊车司机：张×洋 休息：蔡×彬　邓×辉　庚×贵　何×明　贺×洋　李×海　刘×浏　王×武　谢×军 新增人员：张×

参加施工人员签名：
赵×泉☑　邓×辉□　何×伦☑　李×海□　王×雄☑　王×德☑　邓×华☑　贺×洋☑　刘×浏□　王×武□
卢×友☑　庚×贵□　黄×万☑　沙×几☑　向×富☑　蔡×彬□　何×明□　李×生☑　沙×且☑　谢×军□
杨×明☑　张×洋☑

作业过程风险控制措施

当日需执行措施	落实情况

一、关键点作业安全控制措施

	措施	
☑	1. 工作负责人站班会上通过读票方式进行安全交底，并随机抽取3～5名施工人员提问，被提问人员清楚且回答正确后开始作业	☑
☑	2. 起重机作业位置的地基稳固，附近的障碍物清除。衬垫支腿枕木不得少于两根且长度不得小于1.2m	☑
☑	3. 起重机吊装杆塔必须指定专人指挥	☑
☑	4. 指挥人员看不清作业地点或操作人员看不清指挥信号时，均不得进行起吊作业	☑
☑	5. 起重臂及吊件下方划定作业区，地面设安全监护人吊件垂直下方不得有人	☑
☑	6. 吊件离开地面约100mm时暂停起吊并进行检查，确认正常且吊件上无搁置物及人员后方可继续起吊	☑
☑	7. 塔脚板就位后，上齐匹配的垫板和螺帽，组立完成后拧紧螺帽及打毛丝扣	☑
☑	8. 对已组塔段进行全面检查，螺栓紧固，吊点处不缺件	☑
☑	9. 当风速达到六级及以上或大雨、大雪、大雾等恶劣天气时，停止露天的起重吊装作业。重新作业前，先试吊，并确认各种安全装置灵敏可靠后进行作业	☑
☑	10. 仔细核对施工图纸的吊段参数，严格按照施工方案控制单吊重量，严禁超重起吊	☑

二、综合控制措施

	措施	
☑	1. 起重设备吊装前选择确定合适的场地进行平整，衬垫支腿枕木不得少于两根且长度不得小于1.2m，认真检查各起吊系统，具备条件后方可起吊	☑
☑	2. 高处作业人员在转移作业位置时不得失去保护手扶的构件必须牢固	☑
☑	3. 作业人员在间隔大的部位转移作业位置时，增设临时扶手，不得沿单根构件上爬或下滑	☑
☑	4. 组装杆塔的材料及工器具严禁浮搁在已立的杆塔和抱杆上	☑
☑	5. 构件连接对孔时，严禁将手指伸入螺孔找正	☑
☑	6. 指挥人员看不清作业地点或操作人员看不清指挥信号时，均不得进行起吊作业	☑
☑	7. 起重机在作业中出现异常时，应采取措施放下吊件停止运转后进行检修，不得在运转中进行调整或检修	☑
☑	8. 起重臂下和重物经过的地方禁止有人逗留或通过	☑

三、现场风险复核变化情况及补充控制措施

现场复核内容	风险控制关键因素	条件满足情况	风险异常原因
作业人员异常	作业班组骨干人员（工作负责人、班组安全员、班组技术员、作业面监护人、特殊工种）有同类作业经验，连续作业时间不超过8h	☑	经检查，现场安全风险等级无变化，目前防疫形势严峻
机械设备异常	机具设备工况良好，不超年限使用；起重机械起吊荷载不超过额定起重量的90%	☑	
周围环境	周边环境（含运输路况）未发生重大变化	☑	

现场复核内容	风险控制关键因素	条件满足情况	风险异常原因
气候情况	无极端天气状况	☑	经检查，现场安全风险等级无变化，目前防疫形势严峻
地质条件	地质条件无重大变化	☑	
临近带电体作业	作业范围与带电体的距离满足《安规》要求	☐	
交叉作业	交叉作业采取安全控制措施	☐	
补充安全控制措施	人员进场前进行每日体温测量，落实防疫措施		
风险复测人	赵×泉		
当日风险等级	3 级		

到岗到位签到表			
单位	姓名	职务/岗位	备注
建设单位			
监理单位			
施工单位			
业主项目部	张×强	业主安全专责	
监理项目部	岳×凯	专业监理工程师	
施工项目部	王×德	班组安全员	

9.3 现场勘察记录样例

现 场 勘 察 记 录

勘察日期：2023 年 02 月 12 日

勘察单位	河南送变电建设有限公司	勘察负责人	张×鑫	
勘察人员	李×山（项目安全员）、张×飞（项目技术员）、王×强（监理人员）			
作业项目	铁塔组立施工风险初勘	作业地点	1S073 杆塔	
作业内容	1S073 杆塔起重机分解组立立塔	风险等级	☑ 初勘 3 级	☐ 复测___级
勘察的线路或设备的名称（多回应注明称号及方位）：	新建驻马店～武汉特高压交流线路 1S073 杆塔以及东侧 100m 处豫南站接地极线路，150m 处 500kV 豫挚Ⅰ线，200m 处 500kV 豫挚Ⅱ线			
1．需要停电的设备：/				
2．保留的带电部位：/				
3．交叉跨越的部分：/				
4．作业现场的条件、环境及其他危险点等：1S073 位于平原地区，附近交通便利，施工现场存在的主要风险为机械伤害、物体打击、触电、疫情防控、交通事故、高处坠落、高空落物、其他伤害。东侧 100m 处一条豫南站接地极线路，150m 有一条 500kV 豫挚Ⅰ线，200m 处有一条 500kV 豫挚Ⅱ线				
5．应采取的安全措施：经项目部组织人员进行现场风险初勘，根据《输变电工程建设施工安全风险管理规程》（Q/GDW 12152—2021）暂确定为 3 级风险。进场前项目部需再次组织相关人员进行复勘，再次确定风险等级，并根据复勘情况编制单基策划方案，报审监理部批准。具体安全措施： （1）施工前根据施工方案和杆塔高度及分片、段重量合理选择配备起重设备及工器具。 （2）所有设备及工器具要进行定期维护保养。 （3）起重指挥人员应熟悉起重设备性能，严禁超负荷吊装。主要受力工器具应符合技术检验标准，并附有许用荷载标志；使用前必须进行检查，不合格者严禁使用，严禁以小代大，严禁超载使用。 （4）起重机工作位置的地基必须稳固，附近的障碍物应清除。				

（5）杆塔地面组装场地平整，障碍物应清除，塔材不得顺斜坡堆放，山坡上的塔片垫物应稳固，且有防止构件滑动的措施，组装管形构件时，构件间未连接前采取防止滚动的措施。

（6）仔细核对施工图纸的吊段参数，严格按照施工方案控制单吊重量，严禁超重起吊。

（7）塔材组装连铁时，应用尖头扳手找孔，如孔距相差较大，应对照图纸核对件号，不得强行敲击螺栓。任何情况下禁止用手指找正。

（8）作业时重点强调，起吊作业时，组装应停止作业，严格做到起吊时吊物下方无作业人员。

（9）起重臂下和重物经过的地方禁止有人逗留或通过。

（10）起重机作业位置的地基稳固，附近的障碍物清除。衬垫支腿枕木不得少于两根且长度不得小于 1.2m。认真检查各起吊系统，具备条件后方可起吊。

（11）起重机吊装杆塔必须指定专人指挥。指挥人员看不清作业地点或操作人员看不清指挥信号时，均不得进行起吊作业。

（12）施工前仔细核对施工图纸的吊段参数（杆塔型、段别组合、段重），严格施工方案控制单吊重量。

（13）吊装铁塔前，应对已组塔段（片）进行全面检查。起重臂及吊件下方划定作业区，地面设安全监护人，吊件垂直下方不得有人。

（14）当风速达到六级及以上或大雨、大雪、大雾等恶劣天气时，停止露天的起重吊装作业。重新作业前，先试吊，并确认各种安全装置灵敏可靠后进行作业。

（15）吊件离开地面约 100mm 时暂停起吊并进行检查，确认正常且吊件上无搁置物及人员后方可继续起吊。

（16）分段吊装铁塔时，上下段间有任一处连接后，不得用旋转起重臂的方法进行移位找正。分段分片吊装铁塔时，控制绳应随吊件同步调整。

（17）起重机在作业中出现异常时，应采取措施放下吊件，停止运转后进行检修，不得在运转中进行调整或检修。

（18）高处作业人员在转移作业位置时不得失去保护，手扶的构件必须牢固。在间隔大的部位转移作业位置时，增设临时扶手，不得沿单根构件上爬或下滑。

（19）采取相应措施外，还应增加以下措施：① 应增设水平移动保护绳。② 作业人员上下铁塔应沿脚钉或爬梯攀登。在间隔大的部位转移作业位置时，应增设临时扶手，不得沿单根构件上爬或下滑。

（20）起重机进场前重点对起重机接地装置进行检查，确保接地线配置合格。

（21）人员上下班必须乘坐专门的值班车，严禁乘坐在货运车后斗，并定期进行交通安全教育培训。

（22）人员进场前进行每日体温测量，落实防疫措施。

（23）东侧 100m 处有一条豫南站接地极线路，150m 有一条 500kV 豫挚Ⅰ线，200m 处有一条 500kV 豫挚Ⅱ线，安全距离满足要求，施工过程中指派专人进行安全监护

---

6. 附图与说明：
附现场勘察到的危险点、周围环境的照片及说明

注：1. 现场勘察应由施工作业票签发人或工作负责人组织，安全、技术等相关人员参加。超过一定规模的危险性较大的分部分项工程需设计人员参加。

2. 应用本表时，其格式可依据实际情况进行优化，但关键内容不得缺失。

3. 当本表用于复测时，"应采取的安全措施"栏中必须有结论，确定风险是否升级（不变或降级）。

配网建设作业票填用规范

1. 总　　则

1.1　为进一步规范公司配电网工程建设安全管理工作，保证工程建设和从业人员安全，规范公司系统配网建设作业票（简称作业票）的管理，特制定本规范。

1.2　本规范明确了配电网工程安全施工作业票 A、配电网工程安全施工作业票 B、现场勘察记录的填用、执行、统计、管理等全过程工作要求，并逐一编制了票面格式、填写规范和样例。

1.3　作业票是允许配电网工程建设实施的书面命令，是落实安全组织措施、技术措施和安全责任的书面依据。

1.4　配电网工程施工作业均需办理作业票。涉及运行设备时，还应按照《国家电网有限公司电力安全工作规程　第 8 部分：配电部分》（国家电网企管〔2023〕71 号）的规定执行工作票制度，工作票应经签发、许可，与作业票同时使用。工作票和作业票的内容和安全措施应相匹配，不得前后矛盾，工作票和作业票在作业全过程留存作业班组。

1.5　各参建单位承接工程项目时，应在安全风险管控监督平台进行公司资信报备并经审核通过。所有作业人员应在安全风险管控监督平台登记信息，经准入考试且合格后方可参加工作。

1.6　本规范适用于公司下达投资计划的 10kV 及以下配网建设改造工程（含户表改造和接网工程项目），其他配电网工程参照本规范执行。

1.7　公司系统各单位、省管产业单位，外来单位在公司系统内工作时应遵照本规范执行。各级有关管理人员和从事配网建设人员，应加强学习，熟悉本规范并严格执行。

1.8　本规范若有与上级规程和要求相抵触者，以上级要求为准。各单位可根据各自情况制定具体实施细则或补充规定。

2. 作业票的种类与使用

2.1　作业票的种类

（1）配电网工程安全施工作业票 A。

（2）配电网工程安全施工作业票 B。

（3）现场勘察记录。

2.2　作业票的使用

2.2.1　填用配电网工程安全施工作业票 A 的工作：

作业前需进行安全风险识别、评估，确定风险等级，四级、五级风险的施工作业需填用配电网工程安全施工作业票 A。

2.2.2 填用配电网工程安全施工作业票 B 的工作:

作业前需进行安全风险识别、评估,确定风险等级,三级及以上风险的施工作业需填用配电网工程安全施工作业票 B。

2.2.3 填用现场勘察记录的工作:

(1)配电线路杆塔组立、导线架设、电缆敷设等新建、改造项目施工作业。

(2)新装(更换)配电箱式变电站、开关站、环网单元、电缆分支箱、变压器、柱上开关等设备作业。

(3)带电作业。

(4)涉及多专业、多单位、多班组的大型复杂作业和非本班组管辖范围内的施工作业。

(5)使用吊车、挖掘机等大型机械的作业。

(6)跨越铁路、高速公路、重要输电线路、通航河流等施工作业。

(7)试验和推广新技术、新工艺、新设备、新材料的作业项目。

(8)作业票签发人或工作负责人认为有必要现场勘察的其他作业项目。

3. 一 般 规 定

3.1 作业票采用手工方式填写时,应用黑色或蓝色的钢笔或水笔填写和签发。作业票上的时间、工作地点、主要内容、主要风险等关键字不得涂改。

3.2 用计算机生成或打印的作业票应使用统一的票面格式,由作业票签发人审核,手工或电子签发后方可执行。

3.3 作业票签发后,工作负责人应按照作业票要求,提前做好作业前的准备工作。

3.4 在同一时间段内,工作负责人、工作班成员不得重复出现在不同的执行中的作业票上。

3.5 一张作业票可用于不同地点、同一类型、依次进行的施工作业,可包含多个工序、多个部位的多个等级风险作业。作业内容、作业部位、控制措施、主要作业人员(安全监护人、工作负责人及特种作业人员)不变时,可合并使用同一张作业票,按其中最高的风险等级确定作业票种类。

3.6 已签发或批准的作业票应由工作负责人收执,签发人宜留存备份。

3.7 作业票有破损不能继续使用时,应补填新的作业票,并重新履行签发手续。

4. 填 写 与 审 核

4.1 工程名称:工程批复的名称。

4.2 编号：作业票签发完成后，应由签发人统一编号。

4.3 施工班组（队）：中标施工单位参与工作的班组。

4.4 工程阶段：指施工前期、中期、后期阶段。

4.5 工序及作业内容：根据实际情况填写。

4.6 作业部位：实际施工部位。

4.7 执行方案名称：作业内容对应的施工方案。

4.8 风险最高等级：按所有施工工序的最高风险等级确定。

4.9 施工人数：本次施工的所有人员数量，包含工作负责人和安全监护人。

4.10 计划开始时间、实际开始时间、实际结束时间、签发日期：年使用四位数字，月、日、时、分使用双位数字和 24h 制。

4.11 主要风险：针对性的填写本次作业中的风险点。

4.12 工作负责人：指该项工作的负责人。

4.13 安全监护人、专责监护人（多地点作业应分别设监护人）：指该项工作的安全监护人员。

4.14 具体分工（含特殊工种作业人员）：明确特种作业、一般作业等具体人员的作业内容。

4.15 其他施工人员：指该项作业中，实际参与作业（除以上具体分工人员）的其他人员。

4.16 作业必备条件及班前会检查：工程现场应逐项检查并打勾，不涉及项目应为空。

4.17 全员签名：全员手签，不得代签。

4.18 编制人（工作负责人）：由工作负责人进行编制。

4.19 审核人（安全、技术）：由施工项目部安全员、技术员进行审核。

4.20 签发人：由施工项目经理、施工班组长签发。

4.21 监理人员：监理人员签字审核。

4.22 业主项目部经理：业主项目部经理签字审核。

4.23 备注：作业计划编号、其他应说明事项。

4.24 风险控制措施：描述针对本次作业风险点所采取的防控措施。

4.25 作业票应提前一天办理完毕，由工作负责人填写，安全、技术人员审核，审核通过后提报作业票签发人审批。

4.26 审核人、签发人认为作业票填写有问题或认为作业条件不具备，应将作业票退回工作负责人进行修改或取消作业。

5. 签 发 与 执 行

5.1 作业票 A 由施工项目经理或施工班组长签发，作业票 B 由施工项目经理签发。

5.2 一张作业票中工作负责人、签发人不得为同一人。作业票 B 还应报监理人员审核，经业主项目部项目经理签字确认后方可执行。

5.3 作业票签发完成后，因外部原因无法实施的作业，可直接结束该作业票，但需保留其编号，不可重复使用。

5.4 作业票签发后，工作负责人应向全体作业人员交待作业任务、作业分工、安全措施和注意事项，告知风险因素，并经全体作业人员履行签名确认手续后，方可下达开始作业的命令。工作负责人、监护人应始终在工作现场。其中作业票 B 由监理人员现场确认安全措施，并履行签名确认手续。

5.5 多日作业，工作负责人或安全员应每天检查、确认安全措施，通过站班会的方式进行安全交底，方可开工。作业过程中，按作业流程，逐项确认风险控制措施落实，并随时检查有无变化。

5.6 作业过程中，如果施工班组（队）、机械（机具）、环境等条件发生变化，或作业现场风险等级等条件发生变化，应重新办理作业票，并根据实际情况，调整完善风险控制措施，重新交底。

5.7 作业票最大使用期限为 1 个自然月（30 天），超过 1 个月时，需重新办理并重新交底。

5.8 需要变更作业成员时，应经工作负责人同意，在对新作业人员进行安全交底并履行确认签字手续后，方可进行工作。

5.9 工作负责人若因故暂时离开工作现场时，应指定能胜任的人员临时代替，离开前应将工作交待清楚，并告知作业班成员。原工作负责人返回工作现场时，也应履行同样的交接手续。

5.10 工作负责人允许变更一次，应经签发人同意；变更后，原、现工作负责人应对工作任务和安全措施进行交接，并告知全部作业人员。

5.11 变更工作负责人，若施工作业票签发人无法当面办理，应通过电话联系，并在施工作业票备注栏内注明需要变更工作负责人的姓名和时间。

6. 监护和间断、转移、终结

6.1 工作负责人、安全监护人在作业过程中监督作业人员遵守本规范和执行现场安全措施，及时纠正不安全行为。

6.2 根据现场安全条件、施工范围和作业需要，可增设专责监护人，并明确其监护内容。

6.3 专责监护人不得兼做其他工作，临时离开时，应通知被监护人员停止作业或离开作业现场。专责监护人需长时间离开作业现场时，应由工作负责人变更专责监护人，履行变更手续，告知全体被监护人员。

6.4 遇雷、雨、大风等情况威胁到人员、设备安全时，工作负责人或监护人应下令停止作业。

6.5　每天收工或作业间断，作业人员离开作业地点前，应做好安全防护措施，必要时派人看守，防止人、畜接近挖好的基坑等危险场所，恢复作业前应检查确认安全保护措施完好。

6.6　如果作业内容、安全措施、主要作业人员（安全监护人、工作负责人及特种作业人员）相同，虽作业地点不同（仅限于同一变电站的不同部位、同一架线段、电缆试验），仍可使用同一张作业票，但应重新识别评估风险、审查安全措施和交底。

6.7　作业完成后，应清扫整理作业现场，工作负责人应检查作业地点状况，落实现场安全防护措施，并向施工作业票签发人汇报。

6.8　工作负责人应在开工时填写实际开始时间，在完工后填写实际结束时间。将多项作业合并开票，填写的实际开始时间为最早一项作业实际开始的时间，实际结束时间为最后一项作业实际结束的时间。

7. 统 计 与 管 理

7.1　各单位应定期统计分析作业票使用和执行情况，对发现的问题及时制定整改措施。

7.2　施工单位每月对所执行的作业票进行整理汇总，按编号统计、分析。

7.3　各单位项目管理部门每季度对所执行的作业票进行分析、评价和考核。

7.4　各单位安监部门每半年至少抽查调阅一次作业票。

7.5　有下列情况之一者统计为不合格作业票：

（1）缺项、漏项，或无编号者。

（2）施工任务、施工地点（范围）填写含糊不清者。

（3）工作人员人数不清、人员分工不清，或未指定安全监护人者。

（4）关键字遗漏，或字迹模糊、不易分辨者。

（5）主要危险点辨识不全面、不具体、不切合实际，或安全措施不具体、针对性与可操作性不强者。

（6）各类人员未按规定签名者。

（7）作业票遗失者（按无票作业处理）。

（8）其他明显不合格者。

7.6　作业票合格率的统计方法

　　合格率＝（已执行的总票数－不合格的总票数）/（已执行的总票数）×100%

7.7　作业票在作业全过程留存作业班组，应至少保存一年，当项目建设工期超过一年时，作业票保存期限与工程建设期同步。

8. 作业票填写规范

8.1 配电网工程安全施工作业票 A

8.1.1 配电网工程安全施工作业票 A 格式

配电网工程安全施工作业票 A

工程名称		编号	
施工班组（队）		工程阶段	
工序及作业内容		作业部位	
执行方案名称		风险最高等级	
施工人数		计划开始时间	
实际开始时间		实际结束时间	
主要风险			
工作负责人		安全监护人（多地点作业应分别设监护人）	

具体分工（含特殊工种作业人员）

其他施工人员：

作业必备条件及班前会检查	是	否
1. 作业人员着装是否规范、精神状态是否良好，是否经安全培训	☐	☐
2. 特种作业人员是否持证上岗	☐	☐
3. 作业人员是否无妨碍工作的职业禁忌	☐	☐
4. 是否无超年龄或年龄不足参与作业	☐	☐
5. 施工机械、设备是否有合格证并经检测合格	☐	☐
6. 工器具是否经准入检查，是否完好，是否经检查合格有效	☐	☐
7. 是否配备个人安全防护用品，并经检验合格，是否齐全、完好	☐	☐
8. 结构性材料是否有合格证	☐	☐
9. 按规定需送检的材料是否送检并符合要求	☐	☐
10. 安全文明施工设施是否符合要求，是否齐全、完好	☐	☐
11. 是否编制安全技术措施，安全技术方案是否制定并经审批或专家论证	☐	☐
12. 作业票是否已办理并进行交底	☐	☐
13. 施工人员是否参加过本工程技术安全措施交底	☐	☐
14. 施工人员对工作分工是否清楚	☐	☐
15. 各工作岗位人员对施工中可能存在的风险及预控措施是否明白	☐	☐
16. 施工点必须配备足够的应急药品，尽量避免在恶劣气象条件下工作	☐	☐

具体措施见风险预控措施：			
全员签名：			
编制人（工作负责人）		审核人（安全、技术）	
签发人：			
签发日期			
风险预控措施：			
备注	作业计划编号		

8.1.2　配电网工程安全施工作业票 A 填写规范

（1）工程名称：填写工程名称，与投资计划名称一致。若作业内容涵盖批次工程，填该批次工程名称。

例：10kV 某某线某某支线改造工程；某某市配电网 2022 年第一批工程。

（2）编号：作业票签发完成后，应由签发人统一编号，具体编号规则如下：

SZ－AD－××××××××××××－××××

其中：SZ 为固定编号（即所有作业票编号均以 SZ 开头），"S"代表施工，"Z"代表作业票；

"A"代表作业票种类，若为票 A 则编号为 A，若为票 B 则编号为 B；

"D"代表作业票的最高风险等级，若最高风险等级为 1 级则编号为 1，依此类推；

后缀为 12 位 ERP 中项目编号和 4 位流水号。流水号按顺序逐次编号，最大编号为 9999。

中途作废的作业票，仍需保留其编号，不可重复使用；超过使用期限需要重新办理的作业票，其编号应在原票号基础上增加后缀"－×"，×为 1 开始的流水号，代表该票是原作业票的续票。

（3）施工班组（队）：填写施工中标单位参与工作的班组，若多班组工作，应填写全部工作班组。

（4）工程阶段：根据实际填写，指施工前期、中期、后期阶段。

（5）工序及作业内容：根据实际情况填写，应涵盖所有需要列入作业票的作业内容，并与现场实际情况保持一致。填写应清晰准确，术语规范；不得使用模糊词语。

（6）作业部位：实际施工部位，例如线路施工应写明电压等级、名称和杆塔编号或起止编号。

（7）执行方案名称：该项目施工方案名称，应包含每项作业内容对应的方案。

（8）风险最高等级：按所有施工工序的最高等级确定。

（9）施工人数：本次施工的所有人员，包含工作负责人和安全监护人。

（10）计划开始时间、实际开始时间、实际结束时间、签发日期：年使用四位数字，月、日、时、分使用双位数字和24h制，如2022年09月08日16时06分。

（11）主要风险：根据现场勘察（复勘）情况，针对性地填写本次作业中的风险点。

（12）工作负责人：指该项工作的负责人，应由有专业工作经验、熟悉现场作业环境和流程、工作范围的人员担任，名单经施工单位考核、批准并公布。

（13）安全监护人（多地点作业应分别设监护人）：应由具有相关专业工作经验，熟悉现场作业情况和本规程的人员担任。

（14）具体分工（含特殊工种作业人员）：应包括工作负责人、安全监护人、特种作业人员和"其他施工人员"（具体配合人员）。"施工人数"应等于"具体分工（含特殊工种作业人员）"与"其他施工人员"的人数之和。

例：张某某、李某某为高处作业人员，负责架线工作。

（15）其他施工人员：是指在该项作业中，作业票上签过名字的实际参与作业（除以上具体分工外）的其他人员。

（16）作业必备条件及班前会检查：结合工程现场实际检查并打勾，不涉及项目应为空。

（17）全员签名：全员手签，不得代签（包含工作负责人、安全监护人）。

（18）编制人（工作负责人）：由工作负责人进行编制作业票。

（19）审核人（安全、技术）：由施工项目部安全员、技术员进行审核。签名应与施工项目部成立文件名单一致。

（20）签发人：由施工项目经理、施工班组长签发，签名应与施工项目部成立文件名单一致。

（21）风险控制措施：描述针对本次作业风险点所采取的防控措施。

（22）备注：填写与本施工相关而在其他项目无法填写的内容，如：安全风险管控监督平台作业计划编号，变更工作负责人姓名和时间、工作变动、延期情况以及其他应说明事项。

8.2 配电网工程安全施工作业票B

8.2.1 配电网工程安全施工作业票B格式

配电网工程安全施工作业票B

工程名称		编号	
施工班组（队）		工程阶段	
工序及作业内容		作业部位	
执行方案名称		风险最高等级	
施工人数		计划开始时间	
实际开始时间		实际结束时间	
主要风险			
工作负责人		专责监护人（多地点作业应分别设监护人）	

具体分工（含特殊工种作业人员）		
其他施工人员		
作业必备条件及班前会检查	是	否
1. 作业人员着装是否规范、精神状态是否良好，是否经安全培训	☐	☐
2. 特种作业人员是否持证上岗	☐	☐
3. 作业人员是否无妨碍工作的职业禁忌	☐	☐
4. 是否无超年龄或年龄不足参与作业	☐	☐
5. 施工机械、设备是否有合格证并经检测合格	☐	☐
6. 工器具是否经准入检查，是否完好，是否经检查合格有效	☐	☐
7. 是否配备个人安全防护用品，并经检验合格，是否齐全、完好	☐	☐
8. 结构性材料是否有合格证	☐	☐
9. 按规定需送检的材料是否送检并符合要求	☐	☐
10. 安全文明施工设施是否符合要求，是否齐全、完好	☐	☐
11. 是否编制安全技术措施，安全技术方案是否制定并经审批或专家论证	☐	☐
12. 作业票是否已办理并进行交底	☐	☐
13. 施工人员是否参加过本工程技术安全措施交底	☐	☐
14. 施工人员对工作分工是否清楚	☐	☐
15. 各工作岗位人员对施工中可能存在的风险及预控措施是否明白	☐	☐
16. 施工点必须配备足够的应急药品，尽量避免在恶劣气象条件下工作	☐	☐
具体措施见风险预控措施		
全员签名		

编制人（工作负责人）		审核人（安全、技术）	
安全监护人		签发人（施工项目部项目经理）	
签发日期			
监理人员		业主项目部项目经理	

风险预控措施：		
备注	作业计划编号	

8.2.2 配电网工程安全施工作业票 B 填写规范

（1）工程名称：填写工程名称，与投资计划名称一致。若作业内容涵盖批次工程，填该批次工程名称。

例：10kV 某某线某某支线改造工程；某某市配电网 2022 年第一批工程。

（2）编号：作业票签发完成后，应由签发人统一编号，具体编号规则如下：

SZ－AD－××××××××××××××－××××

其中：SZ 为固定编号（即所有作业票编号均以 SZ 开头），"S" 代表施工，"Z" 代表作业票；

"A" 代表作业票种类，若为票 A 则编号为 A，若为票 B 则编号为 B；

"D" 代表作业票的最高风险等级，若最高风险等级为 1 级则编号为 1，依此类推；

后缀为 12 位 ERP 中项目编号和 4 位流水号。流水号按顺序逐次编号，最大编号为9999。

中途作废的作业票，仍需保留其编号，不可重复使用；超过使用期限需要重新办理的作业票，其编号应在原票号基础上增加后缀 "－×"，×为 1 开始的流水号，代表该票是原作业票的续票。

（3）施工班组（队）：填写施工中标单位参与工作的班组，若多班组工作，应填写全部工作班组。

（4）工程阶段：根据实际填写，指施工前期、中期、后期阶段。

（5）工序及作业内容：根据实际情况填写，应涵盖所有需要列入作业票的作业内容，并与现场实际情况保持一致。填写应清晰准确，术语规范；不得使用模糊词语。

（6）作业部位：实际施工部位，例如线路施工应写明电压等级、名称和杆塔编号或起止编号。

（7）执行方案名称：该项目施工方案名称，应包含每项作业内容对应的方案。

（8）风险最高等级：按所有施工工序的最高等级确定。

（9）施工人数：本次施工的所有人员，包含工作负责人和安全监护人。

（10）计划开始时间、实际开始时间、实际结束时间、签发日期：年使用四位数字，月、日、时、分使用双位数字和 24h 制，如 2022 年 09 月 08 日 16 时 06 分。

（11）主要风险：根据现场勘察（复勘）情况，针对性的填写本次作业中的风险点。

（12）工作负责人：指该项工作的负责人，应由有专业工作经验、熟悉现场作业环境和流程、工作范围的人员担任，名单经施工单位考核、批准并公布。

（13）专责监护人（多地点作业应分别设监护人）：应具有相关专业工作经验，熟悉现场作业情况和本规程的人员担任。多地点作业应分别设监护人。

（14）具体分工（含特殊工种作业人员）：应包括工作负责人、安全监护人、特种作业人员和 "其他施工人员"（具体配合人员）。"施工人数" 应等于 "具体分工（含特殊工种作业人员）" 与 "其他施工人员" 的人数之和。

例：张某某、李某某为高处作业人员，负责架线工作。

（15）其他施工人员：是指在该项作业中，作业票上签过名字的实际参与作业（除以上具体分工外）的其他人员。

（16）作业必备条件及班前会检查：结合工程现场实际检查并打勾，不涉及项目应为空。

（17）全员签名：全员手签，不得代签（包含工作负责人、安全监护人）。

（18）编制人（工作负责人）：由工作负责人进行编制作业票。

（19）审核人（安全、技术）：由施工项目部安全员、技术员进行审核。签名应与施工项目部成立文件名单一致。

（20）安全监护人：本项工作的安全监护人签字。

（21）签发人：由施工项目经理签发，签名应与施工项目部成立文件名单一致。

（22）监理人员：监理人员签字审核。

（23）业主项目部经理：业主项目部经理签字审核。

（24）风险控制措施：描述针对本次作业风险点所采取的防控措施。

（25）备注：填写与本施工相关而在其他项目无法填写的内容，如：安全风险管控监督平台作业计划编号，变更工作负责人姓名和时间，工作变动、延期情况及其他应说明事项。

8.3 现场勘察记录

8.3.1 现场勘察记录格式

现 场 勘 察 记 录

勘察单位_____部门（或班组）_____编号_____

勘察负责人_____ 勘察人员_____勘察的作业风险等级_____

设备运维人员_____

勘察的线路名称或设备的双重名称（多回应注明双重称号及方位）：
_____

工作任务［工作地点（地段）以及工作内容］：_____
_____

现场勘察内容：

1. 工作地点需要停电的范围
2. 保留的带电部位
3. 作业现场的条件、环境及其他危险点［应注明：交叉、邻近（同杆塔、并行）电力线路；多电源、自发电情况，有可能反送电的设备和分支线；地下管网沟道及其他影响施工作业的设施情况］
4. 应采取的安全措施（应注明接地线、绝缘隔板、遮栏、围栏、标示牌等装设位置）
5. 附图与说明

记录人：_____   勘察日期：_____年____月___日____时

备注：_____

8.3.2 配电现场勘察记录填写规范

（1）勘察单位：施工单位名称。

（2）部门（或班组）：施工单位部门（或班组）。

（3）编号：编号应连续且唯一，不得重号。应含勘察单位特指字、年、月和顺序号四部分，如配 2022-09-004。

（4）勘察负责人：指组织该项勘察工作的负责人，应有工作票签发人或工作负责人组织。

（5）勘察人员：应逐个填写参加勘察的人员姓名，根据需要业主、监理、设计、起重机司机等相关人员参加。

（6）勘察的作业风险等级：填写本次勘察时的作业风险等级。

（7）设备运维人员：指勘察设备的运维人员，涉及多个运维单位，应逐个填写。

（8）勘察的线路名称或设备双重名称（多回应注明双重称号及方位）：填写线路全称，设备双重名称。

（9）工作任务［工作地点（地段）和施工内容］：填写施工任务，如 10kV 某某线 15 号杆加装柱上开关。

（10）现场勘察内容：

1）工作地点需要停电的范围：停电设备、线路（含分支线路）起止杆号和需要停电的同杆塔、交叉跨越线路或临近线路的起止杆号等。需写出所有涉及停电的工序，包括高压、低压。

2）保留的带电部位：工作地段及周围所保留的带电部位。保留的带电部位与停电部位相对应。

3）作业现场的条件、环境及其危险点［应注明：交叉、邻近（同杆塔、并行）电力线路；多电源、自发电情况，有可能反送电的设备和分支线；地下管网沟道及其他影响施工作业的设施情况］：交叉、邻近（同杆、并行）线路具体位置杆号；跨越、钻越铁路、县道及以上等级公路、河道及其他特殊地形具体位置杆号；军用光缆、油、气、热管道与施工线路交叉或垂直布置的路径；改造或接入点所在线路多电源和自发电情况。逐一列出作业危险点。

4）应采取的安全措施（应注明：接地线、绝缘隔板、遮栏、围栏、标示牌等装设位置）：采取的安全措施与危险点相对应，如 10 个危险点对应 10 个预控措施。有邻近带电线路、交叉跨越、地下管网的需写清楚保持几米的安全距离。

5）附图与说明：初勘、复勘的现场勘察记录均需绘制附图。初勘现场勘察记录附图应包含与工程有关的运行线路接线方式，设计规模的所有改造、新建线路走径，并标明该工程与铁路、公路、河道、管道、电力或通信线路等重要跨越、钻越情况，以及其他需要注明的重要情况。复勘现场勘察记录附图应用红笔标明带电运行部位，本次的工作规模及铁路、公路、河道、管道、电力或通信线路等重要跨越、钻越情况，以及其他需要注明的重要情况。若只进行一次现场勘察，需包含上述初勘、复勘提到的内容。

2）备注：如需进入配电站、开关站进行现场勘察应经运维人员同意并在备注栏注明。

9. 作 业 票 样 例

配电网工程安全施工作业票 A

工程名称	焦作市博爱县 10kV 开源Ⅰ线与 10kV 迎宾Ⅱ线联络工程	编号	SZ－A4－182345789123－0001
施工班组（队）	光源博爱分公司工程九队	工程阶段	前期阶段
工序及作业内容	杆坑开挖、组立电杆、安装金具	作业部位	10kV 中唐线#07 塔－#08 杆之间
执行方案名称	焦作市博爱县 10kV 开源Ⅰ线与 10kV 迎宾Ⅱ线联络工程单体施工方案	风险最高等级	四级
施工人数	9 人	计划开始时间	2022 年 10 月 10 日 08 时 00 分
实际开始时间	2022 年 10 月 10 日 08 时 05 分	实际结束时间	2022 年 10 月 10 日 18 时 23 分
主要风险	机械伤害、物体打击、基坑坍塌、临路施工、高处坠落		
工作负责人	张×亮	安全监护人（多地点作业应分别设监护人）	李×翔

具体分工（含特殊工种作业人员）

张×亮为工作负责人；李×翔为安全监护人；王×心为起重机司机；赵×为起重机指挥；钱×为挖掘机司机；孙×为高处作业人员，负责安装金具

其他施工人员：郭×胜、陈×航、秦×洋为杆坑开挖、电杆组立、金具安装配合人员

作业必备条件及班前会检查	是	否
1. 作业人员着装是否规范、精神状态是否良好，是否经安全培训	☑	☐
2. 特种作业人员是否持证上岗	☑	☐
3. 作业人员是否无妨碍工作的职业禁忌	☑	☐
4. 是否无超年龄或年龄不足参与作业	☑	☐
5. 施工机械、设备是否有合格证并经检测合格	☑	☐
6. 工器具是否经准入检查，是否完好，是否经检查合格有效	☑	☐
7. 是否配备个人安全防护用品，并经检验合格，是否齐全、完好	☑	☐
8. 结构性材料是否有合格证	☑	☐
9. 按规定需送检的材料是否送检并符合要求	☑	☐
10. 安全文明施工设施是否符合要求，是否齐全、完好	☑	☐
11. 是否编制安全技术措施，安全技术方案是否制定并经审批或专家论证	☑	☐
12. 作业票是否已办理并进行交底	☑	☐
13. 施工人员是否参加过本工程技术安全措施交底	☑	☐
14. 施工人员对工作分工是否清楚	☑	☐
15. 各工作岗位人员对施工中可能存在的风险及预控措施是否明白	☑	☐
16. 施工点必须配备足够的应急药品，尽量避免在恶劣气象条件下工作	☑	☐

具体措施见风险预控措施:			
全员签名:			

张×亮　李×翔　王×心　赵×　钱×　孙×　郭×胜　陈×航　秦×洋

编制人（工作负责人）	张×亮	审核人（安全、技术）	张×昊（安全）、李×杰（技术）
签发人	王×峰（施工班组长）		
签发日期	2022 年 10 月 09 日 16 时 05 分		

风险预控措施：
1. 机械伤害：起重机吊臂半径前方、上下，禁止行人通过、逗留。挖掘机作业半径范围内禁止逗留，挖机作业时，坑内禁止站人。
2. 物体打击：全员正确佩戴安全帽。电杆作业传递物品应用绳索拴牢传递，严禁上下抛物。
3. 基坑坍塌：（1）电杆基础挖掘作业时，坑边的余土要清除，抛土要特别注意，防止土回落坑内，打伤坑内人员。
（2）挖深超过 1.5m 时，应有防止塌方措施，加挡板、撑木等。
4. 临路施工：现场设置安全围栏，并在附近路口放置"前方施工，车辆慢行"警示牌，施工车辆周围加防撞墩。
5. 高处坠落：高空作业应使用带二道保护绳的安全带，安全带和二道保护绳应分别挂在不同部分的牢固构件上

备注	作业计划编号：JZ－Z－2210100001L

配电网工程安全施工作业票 B

工程名称	焦作市山阳区 110kV 群某变 10kV 环网柜电源线新建工程	编号	SZ－B3－182345789123－0001
施工班组（队）	光源三公司项目一部	工程阶段	后期阶段
工序及作业内容	110kV 群某变 10kV 城郊线群 81#间隔至 10kV 群某Ⅱ缆 HW02－1#间隔敷设电缆、电缆头制作、电缆试验，10kV 配 019××变将电源接至 10kV 群某Ⅱ缆 HW02－5#间隔	作业部位	110kV 群某变（室内站）10kV 高压配电室、电缆夹层、围墙内
执行方案名称	焦作市山阳区 110kV 群某变 10kV 环网柜电源线新建工程单体施工方案	风险最高等级	三级
施工人数	10 人	计划开始时间	2022 年 10 月 11 日 08 时 00 分
实际开始时间	2022 年 10 月 11 日 08 时 05 分	实际结束时间	2022 年 10 月 11 日 18 时 23 分
主要风险	有限空间作业、触电、误伤运行电缆、物体打击、误入带电间隔		
工作负责人	张×宇	专责监护人（多地点作业应分别设监护人）	李×康

具体分工（含特殊工种作业人员）		

张×宇为工作负责人；李×康为专责监护人；赵×鹏负责电缆头制作；周×中负责电缆试验；孙×德为起重机司机；王×利为起重机指挥；钱×峰负责电缆敷设

其他施工人员：郭×刚、陈×明、秦×黄为配合人员

作业必备条件及班前会检查	是	否
1. 作业人员着装是否规范、精神状态是否良好，是否经安全培训	☑	☐
2. 特种作业人员是否持证上岗	☑	☐
3. 作业人员是否无妨碍工作的职业禁忌	☑	☐
4. 是否无超年龄或年龄不足参与作业	☑	☐
5. 施工机械、设备是否有合格证并经检测合格	☑	☐

6. 工器具是否经准入检查，是否完好，是否经检查合格有效	☑	☐
7. 是否配备个人安全防护用品，并经检验合格，是否齐全、完好	☑	☐
8. 结构性材料是否有合格证	☑	☐
9. 按规定需送检的材料是否送检并符合要求	☑	☐
10. 安全文明施工设施是否符合要求，是否齐全、完好	☑	☐
11. 是否编制安全技术措施，安全技术方案是否制定并经审批或专家论证	☑	☐
12. 作业票是否已办理并进行交底	☑	☐
13. 施工人员是否参加过本工程技术安全措施交底	☑	☐
14. 施工人员对工作分工是否清楚	☑	☐
15. 各工作岗位人员对施工中可能存在的风险及预控措施是否明白	☑	☐
16. 施工点必须配备足够的应急药品，尽量避免在恶劣气象条件下工作	☑	☐

具体措施见风险预控措施：

全员签名：

张×宇　李×康　赵×鹏　周×中　孙×德　王×利　钱×峰　郭×刚　陈×明　秦×黄

编制人（工作负责人）	张×宇	审核人（安全、技术）	张×森（安全）、李×明（技术）
专责监护人	李×康	签发人（施工项目部项目经理）	王×石（施工项目部经理）
签发日期	2022 年 10 月 10 日 16 时 25 分		
监理人员	曹×来（监理工程师）	业主项目部项目经理	石×阳（业主项目经理）

风险预控措施：

1. 有限空间作业：进入电缆通道前，按照"先通风、后检测、再作业"原则，至少自然通风 30min，并使用鼓风机进行排除浊气，检查合格方可作业。气体检测工作应实时进行，每小时检测 1 次并做好记录。有限空间施工应打开两处井口，井口设专人看护。如气体检测不合格，作业人员必须马上撤出。有限空间工作完毕撤出时应清点人数。

2. 触电：（1）施工前检查设备名称，认清工作地点、间隔。执行停电、验电，合刀闸，挂设接地线，悬挂标示牌以及装设遮栏（围栏）等保证安全的技术措施。（2）断开 110kV 群某变 10kV 城郊线群 81#间隔开关、将手车开关拉至试验位置，推上群 81#间隔地刀；断开 10kV 群某Ⅱ缆 HW02－1#间隔开关及刀闸，推上 HW02－1#间隔地刀；断开 10kV 群某Ⅱ缆 HW02－5#间隔开关及刀闸，推上 HW02－5#间隔地刀；拉开 10kV 配 019xx 变高压令克，在高压令克上口挂 01 号接地线。（3）电缆的试验过程中，更换试验引线时，应先对设备充分放电，作业人员应戴好绝缘手套。在试验电缆时，施工人员严禁在电缆线路上做任何工作，防止感应电伤人。电缆试验结束，应对被试电缆进行充分放电，并在被试电缆上加装临时接地线，待电缆尾线接通后才可拆除。

3. 误伤运行电缆：电缆敷设中，井内严禁使用金属撬杠、钢钎强硬挪移井内并行带电电缆，确保不损伤运行电缆，并与带电电缆保持安全距离。

4. 物体打击：进场人员要正确佩戴安全帽。在施工现场设置围栏防止周围人员误入施工现场，造成人员受伤。

5. 误入带电间隔：站内作业，使用安全围栏将施工区域与带电区域隔离开，并悬挂警示标志，防止人员误入带电间隔

备注	作业计划编号：JZ－Z－2210110001L

现 场 勘 察 记 录

勘察单位：光源第三分公司　部门（或班组）：施工一队　编号：配 2022－10－004

勘察负责人：张×宇（工作负责人）勘察人员：张×森（施工单位）、石×阳（业主）、曹×来（监理）、刘×涛（设计）、孙×德（起重机司机）勘察的作业风险等级：三级

设备运维人员　王×娟（设备运维管理单位）

勘察的线路或设备的双重名称（多回应注明双重称号及方位）：

110kV 群某变 10kV 配电室 10kV 城郊线群 81 间隔，10kV 群某Ⅱ缆 HW02 柜，10kV 配 019××变，10kV 东区某缆。

工作任务［工作地点（地段）以及工作内容］：110kV 群某变 10kV 城郊群 81#间隔至 10kV 群某Ⅱ缆 HW02－1#间隔敷设电缆、电缆头制作、电缆试验，10kV 配 019××变将电源接至 10kV 群某Ⅱ缆 HW02－5#间隔。

现场勘察内容：

1. 工作地点需要停电的范围
断开110kV群某变10kV城郊线群81#间隔开关、将手车开关拉至试验位置

2. 保留的带电部位
10kV城郊线群81开关母线侧带电

3. 作业现场的条件、环境及其他危险点［应注意：交叉、邻近（同杆塔、并行）电力线路；多电源、自发电情况，有可能反送电的设备和分支线；地下管网沟道及其他影响施工作业的设施情况］

施工地点位于群某变站内，施工作业地点邻近运行设备，电缆夹层内有运行电缆，直埋电缆路径无地下管网、电缆等设施。无光伏、风机等自然发电设备。

施工作业中主要存在危险点：（1）有限空间作业。（2）防触电及感应电伤人。（3）误伤运行电缆。（4）物体打击。（5）误入带电间隔

4. 应采取的安全措施（应注明：接电线、绝缘隔板、遮栏、围栏、标示牌等装设位置）

（1）有限空间作业：进入电缆通道前，按照"先通风、后检测、再作业"原则，至少自然通风30min，并使用鼓风机进行排除浊气，检查合格方可作业。气体检测工作应实时进行，每小时检测1次并做好记录。有限空间施工应打开两处井口，井口设专人看护。如气体检测不合格，作业人员必须马上撤出。有限空间工作完毕撤出时应清点人数。

（2）触电：1）施工前检查设备名称，认清工作地点、间隔。执行停电，验电，合地刀，挂设接地线，悬挂标示牌以及装设遮栏（围栏）等保证安全的技术措施。2）断开110kV群某变10kV城郊线群81#间隔开关、将手车开关拉至试验位置，推上群81#间隔地刀；断开10kV群某Ⅱ缆HW02-1#间隔开关及刀闸，推上HW02-1#间隔地刀；断开10kV群某Ⅱ缆HW02-5#间隔开关及刀闸，推上HW02-5#间隔地刀；拉开10kV配019××变高压令克，在高压令克上口挂设01号接地线。3）电缆的试验过程中，更换试验引线时，应先对设备充分放电，作业人员应戴好绝缘手套。在试验电缆时，施工人员严禁在电缆线路上做任何工作，防止感应电伤人。电缆试验结束，应对被试电缆进行充分放电，并在被试电缆上加装临时接地线，待电缆尾线接通后才可拆除。

（3）误伤运行电缆：电缆敷设中，井内严禁使用金属撬杠、钢钎强硬挪移井内并行带电电缆，确保不损伤运行电缆，并与带电电缆保持安全距离。

（4）物体打击：进场人员要正确佩戴安全帽。在施工现场设置围栏防止周围人员误入施工现场，造成人员受伤。

（5）误入带电间隔：站内作业，使用安全围栏将施工区域与带电区域隔离开，并悬挂警示标志，防止人员误入带电间隔

5. 附图与说明

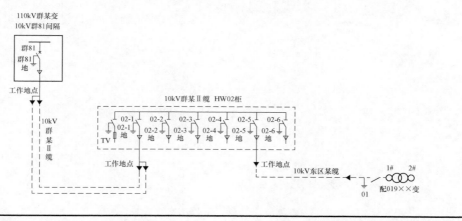

记录人：张×宇
勘察日期：2022年10月07日09时

备注：经运维人员王×娟许可，进入变电站现场勘察。

营销工作票填用规范

1. 总　　则

1.1　为贯彻执行《国家电网有限公司营销现场作业安全工作规程（试行）》（国家电网营销〔2020〕480 号）（简称《工作规程》）、《国网河南省电力公司关于印发营销主要作业内容（场景）作业票执行规范（试行）的通知》（豫电营销〔2022〕428 号）、《国网河南省电力公司关于印发营销现场作业安全手册（试行）的通知》（豫电营销〔2022〕429 号）要求，规范公司系统营销工作票的管理，特制定本规范。

1.2　本规范针对营销作业常见场景，明确了涉及的工作票种类，规范了营销作业的低压工作票、营销现场作业工作卡、施工作业票、配电工作票、变电工作票、现场勘察记录、书面记录的填用、执行、统计与管理等全过程工作要求，并逐一编制了票面格式、填写规范和样例。

1.3　工作票的填写与使用应严格执行《工作规程》及本规范。

1.4　工作票是允许在电气设备上或生产区域内作业的书面命令，是落实安全组织措施、技术措施和安全责任的书面依据。

1.5　各单位应每年对工作票签发人、工作负责人、工作许可人考核审查和书面公布，并保证其满足《工作规程》中规定的基本条件，在各自职责范围内履行相应的工作票手续，承担相应安全职责。

1.6　一张工作票中，工作票签发人、工作负责人、工作许可人三者不得为同一人。填用变电工作票时，工作许可人与工作负责人不得互相兼任；填用配电工作票或低压工作票时，工作许可人中只有现场工作许可人（作为工作班成员之一，进行该工作任务所需现场操作及做安全措施者）可与工作负责人相互兼任。

1.7　承、发包工程中，工作票应实行"双签发"。签发工作票时，双方工作票签发人在工作票上分别签名，各自承担相应的安全责任。发包方工作票签发人负责审核工作的必要性和安全性、工作票上所填写的停电安全措施是否正确完备、所派工作负责人是否在备案名单内。承包方工作票签发人对工作安全性、工作票上所填写的作业安全措施是否正确完备、所派工作负责人和工作班人员是否适当和充足负责。

1.7.1　公司系统内的外来施工单位承接作业项目时，应向项目管理单位（部门）或设备运维管理单位提交本单位公布的工作票签发人、工作负责人名单的有效文件，经核准后在设备运维管理单位备案。设备运维管理单位应在备案人员名单内办理相应的工作票"双签发"和工作许可等手续。

1.7.2　公司系统外的施工单位承接作业项目时，项目管理单位（部门）应对其工作票签发人、工作负责人进行资质审核，并报安全监督管理部门审查批复。设备运维管理单位应在批复人员名单范围内办理工作票"双签发"和工作许可等手续。

1.7.3 外来单位承接本单位作业项目时，一般情况下工作负责人宜由外来单位人员担任，特殊情况下可由项目管理单位（部门）或设备运维单位根据作业项目、人员状况及现场安全条件等情况协商指定。

1.8 公司系统各单位、省管产业单位到用户工程或用户所属设备上检修（施工）时，应严格执行现场勘察和工作票制度，工作票由有权签发的项目管理单位（部门）、施工单位或用户单位签发，必要时与用户实行"双签发"。

1.9 在变电站内相关设备和场所工作时，执行《国家电网公司电力安全工作规程 变电部分》（国家电网企管〔2013〕1650号）和本规范相关要求；在20kV及以下配电线路、设备和用户配电设备及相关场所工作时执行《国家电网有限公司电力安全工作规程 第8部分：配电部分》（国家电网企管〔2023〕71号）和本规范相关要求。

1.10 公司系统各单位、省管产业单位，外来单位在公司系统内工作时应遵照本规范执行。各级有关管理人员和从事业扩报装、电能计量、用电信息采集、用电检查、现场稽查、分布式电源作业、充换电服务以及综合能源等营销现场作业的人员，应加强学习，熟悉本规范并严格执行。

1.11 本规范若有与上级规程和要求相抵触者，以上级要求为准。各单位可根据各自情况制定具体实施细则或补充规定。

2. 工作票的种类与使用

2.1 工作票的种类

（1）低压工作票。

（2）营销现场作业工作卡。

（3）施工作业票A。

（4）施工作业票B。

（5）配电第一种工作票。

（6）配电第二种工作票。

（7）配电工作任务单。

（8）配电故障紧急抢修单。

（9）变电站第一种工作票。

（10）变电站第二种工作票。

（11）二次工作安全措施票。

（12）变电站事故紧急抢修单。

（13）现场勘察记录。

（14）其他书面记录或按电话命令执行。

2.2 工作票的使用

2.2.1 填用低压工作票的工作：

（1）在低压线路、设备（不含在发电厂、变电站内的低压设备）上工作，需要将低压线路、设备停电或做安全措施，但不需要将高压线路、设备停电或做安全措施者。

（2）低压带电作业。

2.2.2 填用营销现场作业工作卡的工作：

客户侧开展业扩报装、用电检查、现场稽查、分布式电源、充电设备检修（试验）、综合能源等相关工作。

2.2.3 填用施工作业票 A 的工作：

（1）在非运行中的电气设备上进行的四级、五级风险施工作业项目。

（2）清洁能源（屋顶光伏、光伏幕墙）建设的四级作业风险工作。

（3）港口岸电、电能替代、电制冷及采暖运维的四级作业风险工作。

（4）充电站土建、电气安装、雨棚、监控设备、标识安装等的四级作业风险工作。

2.2.4 填用施工作业票 B 的工作：

（1）清洁能源（屋顶光伏、光伏幕墙）建设的三级作业风险工作。

（2）港口岸电、电能替代、电制冷及采暖建设、改造的三级作业风险工作。

2.2.5 填用配电第一种工作票的工作：

在配电作业现场进行营销工作，需要将高压线路、设备停电或做安全措施者。具体参照配电工作票填用规范相关要求。

2.2.6 填用配电第二种工作票的工作：

高压配电（含相关场所及二次系统）营销工作，与邻近带电高压线路或设备的距离大于《工作规程》表 6-1 规定，不需要将高压线路、设备停电或做安全措施者。具体参照配电工作票填用规范相关要求。

2.2.7 填用配电工作任务单的工作：

若一张配电工作票下设多个小组工作，工作负责人应指定每个小组的小组负责人（监护人），并使用配电工作任务单。具体参照配电工作票填用规范相关要求。

2.2.8 填用配电故障紧急抢修单的工作：

配电线路、设备发生故障被迫紧急停止运行，需短时间内恢复供电或排除故障的、连续进行的故障修复工作可填用故障紧急抢修单。非连续进行的故障修复工作应使用工作票。具体参照配电工作票填用规范相关要求。

2.2.9 填用变电站第一种工作票的工作：

在变电作业现场进行营销工作，且符合以下条件之一时，应填用变电站第一种工作票。

（1）高压线路、设备上工作，需要全部停电或部分停电者。

（2）二次系统上的工作，需要将高压设备停电或做安全措施者。

（3）其他工作需要将高压设备停电或做安全措施者。

具体参照变电工作票填用规范相关要求。

2.2.10 填用变电站第二种工作票的工作：

在变电作业现场进行营销工作，且符合以下条件之一时，应填用变电站第二种工作票。

（1）控制盘和低压配电盘、配电箱、电源干线上的工作。

（2）二次系统上的工作，无需将高压设备停电者或做安全措施者。

（3）大于《工作规程》表 6-1 距离的相关场所和带电设备外壳上的工作以及无可能触及带电设备导电部分的工作。

具体参照变电工作票填用规范相关要求。

2.2.11 填用二次工作安全措施票的工作：

在变电站内工作中遇有下列情况应填用二次工作安全措施票。

（1）在运行设备的二次回路上进行拆、接线工作。

（2）在电流互感器与短路端子之间导线上进行任何工作。

具体参照变电工作票填用规范相关要求。

2.2.12 填用变电站事故紧急抢修单的工作：

电气设备发生故障被迫紧急停止运行，需短时间内恢复和排除故障的工作可填用事故紧急抢修单。非连续进行的事故修复工作应使用工作票。具体参照变电工作票填用规范相关要求。

2.2.13 填用现场勘察记录的工作：

（1）营销主要作业内容（场景）要求勘察的现场作业。

（2）工作票签发人或工作负责人对该作业的现场情况掌握、了解不够，认为有必要现场勘察的营销现场作业。

2.2.14 填用其他书面记录或按电话命令执行的工作：

在开展不需要停电，不存在接触带电部位风险的抄表催费、客户现场安全检查、涂改编号等工作时，可不使用工作票或营销现场作业工作卡，但应以其他形式记录相应的操作和工作等内容。其他记录形式包括营销作业派工单、任务单、工作记录等。

电话命令执行的工作应留有录音或书面派工记录。任务单、录音或记录内容应包含指派人、工作人员（负责人）、工作任务、工作地点、派工时间、工作结束时间、安全措施（注意事项）及完成情况等内容。

2.2.15 以下情况可使用一张变电站第一种工作票：

（1）同一变电站内，全部停电或属于同一电压等级、位于同一平面场所、同时停送电，工作中不会触及带电导体的几个电气连接部分上的工作。

（2）同一高压配电站、开关站内，全部停电或属于同一电压等级、同时停送电、工作中不会触及带电导体的几个电气连接部分上的工作。

2.2.16 以下情况可使用一张变电站第二种工作票:

同一变电站内在几个电气连接部分上依次进行的不停电的同一类型的工作。

2.2.17 以下情况可使用一张配电第一种工作票:

（1）配电变压器及与其连接的高低压配电线路、设备上同时停送电的工作。

（2）同一天在几处同类型高压配电站、开关站、箱式变电站、柱上变压器等配电设备上依次进行的同类型停电工作。同一张工作票多点工作，工作票上的工作地点、线路名称、设备双重名称、工作任务、安全措施应填写完整。不同工作地点的工作应分栏填写。

2.2.18 以下情况可使用一张配电第二种工作票:

（1）同一电压等级、同类型、相同安全措施且依次进行的不同配电工作地点上的不停电工作。

（2）同一高压配电站、开关站内，在几个电气连接部分上依次进行的同类型不停电工作。

2.2.19 对同一天、相同安全措施的多个低压营销作业现场的工作，可使用一张低压工作票。

2.2.20 工作负责人应提前知晓工作票内容，并做好工作准备。客户侧营销现场作业时，供电方作业人员应会同客户检查现场所做的安全措施，对具体的设备指明实际的隔离措施，证明检修设备确无电压。

3. 一 般 规 定

3.1 工作票应统一格式，应用黑色或蓝色的钢（水）笔或圆珠笔填写和签发，至少一式两份，也可用计算机生成或打印。工作票内容填写应正确、清楚，不得任意涂改。

3.2 每份工作票签发方和许可方修改均不得超过两处，但工作票票面上的时间、工作地点、线路名称、设备双重名称（即设备名称和编号）、动词等关键字不得涂改。错、漏字修改应使用规范的符号，字迹应清楚。填写有错字时，更改方法为在写错的字上划水平线，接着写正确的字即可。审查时发现错字，将正确的字写到空白处圈起来，将写错的字也圈起来，再用线连接。漏字时将要增补的字圈起来连线至增补位置，并画"∧"符号。工作票不允许刮改。禁止用"……""同上"等省略填写。

3.3 在同一时间段内，工作负责人、工作班成员不得重复出现在不同的执行中的工作票上。一个工作负责人不能同时执行多张工作票。

3.4 在工作期间，工作票应始终保留在工作负责人手中。

4. 填 写 与 签 发

4.1　工作票由工作负责人填写，也可由工作票签发人填写。工作票上所列的签名项，应采用人工签名或电子签名。

4.2　工作票应由工作票签发人审核无误后，手工或电子签名后方可执行。已签发的工作票，未经签发人同意，不得擅自修改。

4.3　电网侧营销现场作业，工作票由设备运维管理单位签发，也可由经设备运维管理单位审核合格且经批准的检修（施工）单位签发。检修（施工）单位的工作票签发人、工作负责人名单应事先送设备运维管理单位、调度控制中心备案。

4.4　工作票的编号：营销业务涉及的低压工作票、营销现场作业工作卡、施工作业票、现场勘察记录、营销作业派工单等编号应连续且唯一，由许可单位按工作票种类和顺序编号。编号应包含特指字、年、月和顺序号。年使用四位数字，月使用两位数字，顺序号使用三位数字。例如营销支持中心装表班 2023 年 1 月第 1 份低压工作票编号为：装表 2023 - 01 - 001。

营销业务涉及的变电工作票、配电工作票等编号参照相关专业管理要求。

4.5　单位：指工作负责人所在的部门或单位，例如：营销支持中心。外来单位应填写单位全称。

4.6　工作负责人（监护人）：指该项工作的负责人（监护人）。

4.7　班组：指参与工作的班组，多班组工作应填写全部工作班组。

4.8　工作班人员（不包括工作负责人）：指参加工作的工作班人员、厂方人员和临时用工等全部工作人员。

（1）工作班人员应逐个填写姓名。

（2）若采用工作任务单时，工作票的工作班成员栏内可只填明各工作任务单的负责人并注明工作任务单人员数量，不必填写全部工作人员姓名，但应填写总人数。工作任务单上应填写工作班人员姓名。

4.9　工作票上的时间：年使用四位数字，月、日、时、分使用双位数字和 24h 制，如 2023 年 03 月 06 日 16 时 06 分。

4.10　计划工作时间：以批准的工作期为限。

4.11　现场施工简图的填写：

（1）现场施工简图绘制，应使用标准图线和图形符号填划，清晰规范。标准图线和符号见配电工作票填用规范 10.11。

（2）停电的线路和设备，用黑（蓝）色。与停电线路同杆塔、邻近、平行、交叉的带电线路和设备，用红色线条划出。计算机生成（打印）的工作票，红色部分可在生成

（打印）后再描成红色。

（3）简图应标明停电工作地点或范围，接地线的编号及装设位置。

5. 许 可 与 执 行

5.1 变电站第一种工作票应在工作前一日送达设备运维管理单位（包括信息系统送达），配电第一种工作票和需要办理工作许可手续的配电第二种工作票、低压工作票应至少在工作前一日送达设备运维管理单位（包括信息系统送达）；通过传真送达的工作票，其工作许可手续应待正式工作票送到后履行。

5.2 工作票有破损不能继续使用时，应补填新的工作票，并重新履行签发许可手续。

5.3 工作许可人应在完成工作票所列由其负责的停电和装设接地线等安全措施后，方可发出许可工作的命令。

5.4 工作许可人在向工作负责人发出许可工作的命令前，应记录工作班组名称、工作负责人姓名、工作地点和工作任务。

5.5 现场办理工作许可手续前，工作许可人应与工作负责人核对线路名称、设备双重名称，检查核对现场安全措施，指明保留带电部位。

5.6 填用配电第一种、第二种工作票，故障紧急抢修单的工作，应得到全部工作许可人的许可，并由工作负责人确认工作票所列当前工作所需的安全措施全部完成后，方可下令开始工作。所有许可手续（工作许可人姓名、许可方式、许可时间等）均应记录在工作票上。

5.7 客户现场作业时，应执行工作票"双许可"制度（对客户侧进行反窃查违现场作业可不执行"双许可"制度，由供电方许可人许可后，即可开展客户侧反窃查违相关工作）。

高压客户方许可人由客户具备资质的电气工作人员担任，也可由客户委托承装（修、试）客户设备的施工方具备资质的电气人员担任。工作许可人对工作票中所列安全措施的正确性、完备性，现场安全措施的完善性以及现场停电设备有无突然来电的危险等内容负责，经双方签字确认后方可开始工作。

5.8 客户侧设备检修，需电网侧设备配合停电时，应得到客户停送电联系人的书面申请，经批准后方可停电。在电网侧设备停电措施实施后，由电网侧设备的运维管理单位或调度控制中心负责向客户停送电联系人许可。恢复送电，应接到原客户停送电联系人的工作结束报告，做好录音并记录后方可进行。

5.9 在客户设备上工作，许可工作前，工作负责人应检查确认客户设备的当前运行状态、安全措施符合作业的安全要求。作业前检查多电源和有自备电源的客户已采取机械或电气联锁等防反送电的强制性技术措施。

5.10 许可开始工作的命令，应通知工作负责人。其方法可采用：

（1）当面许可。工作许可人和工作负责人应在工作票上记录许可时间，并分别签名。采用电子化工作票的，应在电子化工作票上履行电子化许可手续。

（2）电话许可。工作所需安全措施可由工作人员自行布置，工作许可人和工作负责人应分别记录许可时间和双方姓名，复诵核对无误，并录音。工作结束后应汇报工作许可人。

5.11 工作负责人、工作许可人任何一方不得擅自变更运行接线方式和安全措施，工作中若有特殊情况需要变更时，应先取得对方同意，并及时恢复，变更情况应及时记录在值班日志或工作票上。

5.12 禁止约时停、送电。

5.13 工作负责人、专责监护人应始终在工作现场。专责监护人在进行监护时不准兼做其他工作。

5.14 工作票签发人、工作负责人对有触电危险、检修（施工）复杂容易发生事故的工作，需增设专责监护人，并确定其监护的人员和工作范围。

5.15 工作期间，工作负责人若因故暂时离开工作现场时，应指定能胜任的人员临时代替，交待现场工作情况，告知工作班成员。原工作负责人返回工作现场时，应履行同样的交接手续，并在工作票备注栏注明。

5.16 非特殊情况不得变更工作负责人，如在工作票许可之前需变更工作负责人，则应由工作票签发人重新签发工作票。如确需变更工作负责人应由工作票签发人同意并通知工作许可人，工作许可人将变动情况记录在工作票上。工作负责人只允许变更一次。原、现工作负责人应对工作任务和安全措施进行交接。

5.17 需要变更工作班成员时，应经工作负责人同意，在对新增的作业人员履行安全交底手续后，填写新增人员的姓名、变动日期和时间后方可进行工作。新增工作人员应履行确认签名手续。

6. 延 期 与 终 结

6.1 工作票的有效期，以批准的计划工作时间为限。批准的计划工作时间为调度控制中心或设备运维管理单位批准的开工至完工时间。

6.2 办理工作票延期手续，应在工作票的有效期内，由工作负责人向工作许可人（运维负责人）提出申请，得到同意后给予办理；不需要办理许可手续的配电第二种工作票，由工作负责人向工作票签发人提出申请，得到同意后给予办理。

6.3 工作票只能延期一次。延期手续应记录在工作票上。

6.4 完工后，需及时清扫整理现场，工作负责人需检查工作地段状况，确认工作电气设备及辅助设备上没有遗留工具、设备及材料，确保全部工作人员由设备上撤离后，再命令拆除由工作班自行装设的接地线等安全措施。接地线拆除后，任何人不得再在设备上工作。

6.5　工作地段所有由工作班自行装设的接地线拆除后，工作负责人需及时向相关工作许可人报告工作终结。

6.6　工作负责人在多小组作业的情况下，应在得到所有小组负责人工作结束的汇报后，方可与工作许可人办理工作终结手续。

6.7　执行工作票"双许可"的工作，应由双方许可人均办理工作终结手续后，方可视为工作终结。

6.8　工作终结报告应按以下方式进行：

（1）当面报告。

（2）电话报告，并经复诵无误。

6.9　工作终结报告应简明扼要，主要包括下列内容：工作负责人姓名，某作业现场工作已经完工，所修项目、试验结果、设备改动情况和存在问题等，工作地点已无本班组工作人员和遗留物。

6.10　工作许可人在接到所有工作负责人的终结报告后，并确认所有工作已完毕且工作人员已撤离的情况下，所有工作班自行装设的接地线已拆除，与记录簿核对无误并做好记录后，方可下令拆除各侧安全措施。

6.11　对已执行的工作票，在工作终结报告中最后一个终结报告时间上加盖"已执行"章，对未执行的工作票，在其编号上加盖"未执行"章，在备注栏说明原因。

7. 统 计 与 管 理

7.1　各单位应定期统计分析工作票填写和执行情况，对发现的问题及时制定整改措施。

7.2　工作负责人应对本日工作票执行情况进行检查。

7.3　班长和班组安全员应每月对所执行的工作票进行整理、汇总，按编号统计、分析。

7.4　二级机构管理人员每季度对已执行的工作票进行检查并填写检查意见。

7.5　地市公司级单位、县公司级单位安监部门每半年至少抽查调阅一次工作票。

7.6　有下列情况之一者统计为不合格工作票。

（1）工作票类型使用错误。

（2）工作票未按规定编号，工作票遗失、缺号，已执行的工作票重号。

（3）工作成员姓名、人数未按规定填写。

（4）工作班人员总数与签字总数不符且未注明原因。

（5）工作任务不明确。

（6）所列安全措施与现场实际或工作任务不符。

（7）装设接地线的地点填写不明确或不写接地线编号。

（8）工作票项目填错或漏填。

（9）字迹不清，对所用动词、设备编号涂改，或一份工作票涂改超过两处。

（10）工作班人员、工作许可人、工作负责人、工作票签发人未按规定签名。

（11）工作票中工作现场简图未按规定绘画或绘画错误。

（12）工作延期未办延期手续，工作负责人、工作班成员变更未按照规定履行手续。

（13）未按规定加盖"未执行""已执行"印章。

（14）每日开工、收工未按规定办理手续；工作间断、转移和工作终结未按规定办理手续。

（15）工作票终结未拆除的接地线或未拉开的接地刀闸等实际与票面不符且未说明原因。

（16）简图与工作任务不相符合，停电、带电设备未用颜色区分。

（17）未按规定填写电压等级者。

（18）未列入上述标准的其他违反《安规》和上级有关规定的均作为不合格统计。

7.7 合格率的统计方法

合格率＝（已执行的总票数－不合格的总票数）/（已执行的总票数）×100%。

7.8 工作票由许可单位和工作单位分别保存。已执行的工作票应至少保存1年。

8. 工作票填写规范

8.1 低压工作票

8.1.1 低压工作票格式

低 压 工 作 票

单位：　　　　　　　　　　　　　　　　　　　　　　编号：

1	工作负责人：　　　　　　　　　　　　班组：
2	工作班人员（不包括工作负责人）：＿＿　共＿＿＿人
3	工作的线路名称或设备双重名称（多回线路应注明双重称号及方位）、工作任务：＿＿＿＿＿＿＿＿＿＿＿＿＿＿＿＿＿＿＿＿＿＿＿＿
4	计划工作时间：自　＿＿＿＿年＿＿＿＿月＿＿＿＿日　　＿＿＿＿时＿＿＿＿分 　　　　　　　　至　＿＿＿＿年＿＿＿＿月＿＿＿＿日　　＿＿＿＿时＿＿＿＿分
5	安全措施（必要时可附页绘图说明）： 5.1　工作的条件和应采取的安全措施（停电、接地、隔离和装设的安全遮栏、围栏、标示牌等）：＿＿＿＿＿＿＿＿＿＿＿＿＿＿＿＿＿＿＿＿＿

5	5.2 保留的带电部位： _____ _____ _____	
	5.3 其他安全措施和注意事项： _____ _____	
	工作票签发人签名：_____ _____年___月___日___时___分 工作负责人签名：_____ _____年___月___日___时___分	
6	工作许可： 6.1 现场补充的安全措施： 6.2 确认本工作票安全措施正确完备，许可工作开始： 许可方式：_____许可工作时间_____年___月___日___时___分 工作许可人签名：_____ 工作负责人签名：_____	
7	现场交底，工作班成员确认工作负责人布置的工作任务、人员分工、安全措施和注意事项并签名：_____ _____	
8	开始工作时间： _____年___月___日___时___分工作负责人确认工作票所列安全措施全部执行完毕，下令开始工作	
9	工作票延期：有效期延长到 _____年___月___日___时___分。 工作负责人签名：_____ _____年___月___日___时___分 工作许可人签名：_____ _____年___月___日___时___分	
10	工作终结： 工作班现场所装设接地线共_____组、个人保安线共_____组已全部拆除，工作班人员已全部撤离现场，工具、材料已清理完毕，杆塔、设备上已无遗留物 工作负责人签名：_____ 工作许可人签名：_____ 工作终结时间_____年___月___日___时___分	
11	备注： 作业计划编号：	
12	附图（有必要时）	

8.1.2 低压工作票填写规范

单位：① 指工作负责人所在的部门或单位名称。② 外来单位应填写单位全称。

编号：工作票编号应连续且唯一，由许可单位按顺序编号，不得重号。编号共由 4 部分组成，含许可单位特指字、年、月和顺序号。

（1）工作负责人：指该项工作的负责人。

班组：指参与工作的班组，多班组工作，应填写全部工作班组。

（2）工作班人员（不包括工作负责人）：应逐个填写参加工作的人员姓名。

（3）工作的线路名称或设备双重名称（多回线路应注明双重称号及方位）、工作任务：填写线路或设备的电压等级和双重名称。同杆塔双回或多回线路均应注明线路双重称号［即线路双重名称和位置称号］，位置称号指左（右）线（面向大号侧）或上（下）线。

工作任务：填写确切的工作内容。工作内容应清晰准确，不得使用模糊词语。

（4）计划工作时间：填写批准的检修期限，时间应使用阿拉伯数字填写，包含年（四位），月、日、时、分（均为双位，24h制）。

（5）安全措施（必要时可附页绘图说明）：

1）工作的条件和应采取的安全措施（停电、接地、隔离和装设的安全遮栏、围栏、标示牌等）：

填写低压线路或设备停电、接地、隔离和装设的安全遮栏、围栏、标示牌等措施。

2）保留的带电部位：

应注明工作地点或地段保留的带电线路、设备的名称及杆塔号，包括双回、多回、平行、交叉跨越的线路名称。配电线路、分接箱中断开的开关、刀闸带电侧等均应在工作票中注明。没有则填"无"。

3）其他安全措施和注意事项：

填写需要特别说明的安全注意事项。没有则填写"无"。

工作票签发人、工作负责人对上述工作任务、安全措施及注意事项确认无误后，签名并填写时间。

（6）工作许可：

1）现场补充的安全措施：工作负责人或工作许可人根据现场的实际情况，补充其他安全措施和注意事项。无补充内容时填写"无"。

2）确认本工作票安全措施正确完备，许可工作开始：工作许可人在确认安全措施完成后，方可许可工作。

工作许可人和工作负责人分别在各自收执的工作票上填写许可方式（当面许可或电话许可）和许可工作时间，工作许可人和工作负责人分别签名。

（7）现场交底，工作班成员确认工作负责人布置的工作任务、人员分工、安全措施和注意事项并签名：工作班成员在明确了工作负责人交待的工作内容、人员分工、带电部位、现场布置的安全措施和工作的危险点及防范措施后，每个工作班成员在工作负责人所持工作票上签名，不得代签。

（8）开始工作时间：填写工作负责人确认工作票所列安全措施全部执行完毕并下令开始工作的时间。

（9）工作票延期：

填写有效期延长时间，工作负责人和工作许可人确认无误后，分别签名并填写时间。

（10）工作终结：

工作负责人在工作班人员已全部撤离现场，材料工具已清理完毕，杆塔、设备上已无遗留物。填写拆除的所有工作接地线组数和个人保安线数量。没有则填写"无"。

工作许可人和工作负责人分别在各自收执的工作票签名并填写工作终结时间。工作终结后，工作许可人和工作负责人分别在工作终结时间栏加盖"已执行"章。

（11）备注：填写作业计划编号（指安全风险管控监督平台作业计划编号）、工作任务变动原因、工作负责人与临时指定工作负责人的交接手续、未执行工作票的原因及其他需要说明的事项。

（12）需要将低压线路、设备停电时附简图。

8.2 营销现场作业工作卡

8.2.1 营销现场作业工作卡格式

营销现场作业工作卡

单位：　　　　　　　　　　　作业计划编号：　　　　　　　　　　编号：

工作负责人：		班组：		
工作班成员（不包括工作负责人）：				共　　人
计划工作时间：	自___年___月___日___时___分 至___年___月___日___时___分			
客户名称	工作地点	工作指派人	派工时间	现场作业类型
序号	工作现场风险点分析		注意事项及安全措施	逐项落实并打"√"
1				
2				
3				
4				
5				
工作负责人签名				
工作许可人签名（供电公司）				
工作许可人签名（客户）				
工作任务和现场安全措施已确认，工作班成员签名				
开工时间：_____年____月___日____时___分				
工作终结	工作负责人签名：		工作许可人签名（供电公司）： 工作许可人签名（客户）：	
收工时间：_____年____月___日___时___分				

注：1. 营销现场作业工作卡应按以下程序执行：工作负责人办票→工作指派人签字→履行现场安全措施→工作人员现场检查安全措施→工作许可（含客户许可）→开工→工作结束→存档备案。

　　2. 一张营销现场作业工作卡宜执行同一类营销现场工作，工作负责人可根据实际增加不同工作地点。

　　3. 本卡属通用模板，仅供参考，需要现场作业人员结合现场实际认真分析、列出现场实际存在的风险点，并对照填写注意事项及安全措施。

8.2.2 营销现场作业工作卡填写规范

单位：指工作负责人所在的部门或单位名称。

作业计划编号：填写安全风险管控监督平台作业计划编号。

编号：编号应连续且唯一，由许可单位按顺序编号，不得重号。编号共由4部分组成，含特指字、年、月和顺序号。

（1）工作负责人：指该项工作的负责人。

（2）班组：指参与工作的班组，若多班组工作，应填写全部工作班组。

（3）工作班成员（不包括工作负责人）：应逐个填写参加工作的人员姓名。

（4）计划工作时间：填写批准的工作时间，时间应使用阿拉伯数字填写，包含年（四位），月、日、时、分（均为双位，24h制）。

（5）客户名称：填写客户详细名称。

（6）工作地点：填写客户具体工作地点。

（7）工作指派人：填写对应工作的派发人员，由班组长及以上人员担任。

（8）派工时间：填写具体派工时间。时间应使用阿拉伯数字填写，包含年（四位），月、日、时、分（均为双位，24h制）。

（9）现场作业类型：填写营销作业类型，如业扩、计量、用电检查等。

（10）工作现场风险点分析：分析现场所有风险点，逐项填写。

（11）注意事项及安全措施：针对风险所做的安全措施。逐项落实并打"√"。

（12）工作负责人签名、工作许可人（供电公司）签名、工作许可人（客户）签名：填写对应的人员姓名。

（13）工作任务和现场安全措施已确认，工作班成员签名：应逐个填写参加工作的人员姓名。

（14）开工时间：填写具体开工时间。时间应使用阿拉伯数字填写，包含年（四位），月、日、时、分（均为双位，24h制）。

（15）工作终结：工作结束后，工作负责人和双方工作许可人分别签名。

（16）收工时间：填写具体收工时间，时间应使用阿拉伯数字填写，包含年（四位），月、日、时、分（均为双位，24h制）。

8.3 施工作业票A

8.3.1 施工作业票A格式

施 工 作 业 票 A

工程名称		编号	
施工班组（队）		工程阶段	
工序及作业内容		作业部位	
执行方案名称		风险最高等级	
施工人数		计划开始时间	
实际开始时间		实际结束时间	
主要风险			
工作负责人		安全监护人（多地点作业应分别设监护人）	

具体分工（含特殊工种作业人员）		
其他施工人员		
作业必备条件及班前会检查	是	否
1. 作业人员着装是否规范、精神状态是否良好，是否经安全培训	☐	☐
2. 特种作业人员是否持证上岗	☐	☐
3. 作业人员是否无妨碍工作的职业禁忌	☐	☐
4. 是否无超年龄或年龄不足参与作业	☐	☐
5. 施工机械、设备是否有合格证并经检测合格	☐	☐
6. 工器具是否经准入检查，是否完好，是否经检查合格有效	☐	☐
7. 是否配备个人安全防护用品，并经检验合格，是否齐全、完好	☐	☐
8. 结构性材料是否有合格证	☐	☐
9. 按规定需送检的材料是否送检并符合要求	☐	☐
10. 安全文明施工设施是否符合要求，是否齐全、完好	☐	☐
11. 是否编制安全技术措施，安全技术方案是否制定并经审批或专家论证	☐	☐
12. 作业票是否已办理并进行交底	☐	☐
13. 施工人员是否参加过本工程技术安全措施交底	☐	☐
14. 施工人员对工作分工是否清楚	☐	☐
15. 各工作岗位人员对施工中可能存在的风险及预控措施是否明白	☐	☐
16. 施工点必须配备足够的应急药品，尽量避免在恶劣气象条件下工作	☐	☐
具体措施见风险预控措施：		
全员签名：		
编制人（工作负责人）	审核人（安全、技术）	
签发人		
签发日期		
风险预控措施：		
备注	作业计划编号	

8.3.2 施工作业票 A 填写规范

（1）工程名称：填写施工工程名称。

例：10kV 某某线某某支线改造工程；某某市配电网 2022 年第一批工程。

（2）施工作业票 A 的编号规则参照本部分 4.4。

（3）施工班组（队）：填写施工班组名称，若多班组工作，应填写全部工作班组。

（4）工程阶段：根据实际填写，指施工前期、中期、后期阶段。

（5）工序及作业内容：根据实际情况填写，应涵盖所有需要列入作业票的作业内容，并与现场实际情况保持一致。填写应清晰准确，术语规范。不得使用模糊词语。

（6）作业部位：实际施工部位，例如线路施工应写明电压等级、名称和杆塔编号或起止编号。

（7）执行方案名称：该项目施工方案名称，应包含每项作业内容对应的方案。

（8）风险最高等级：按所有施工工序的最高等级确定。

（9）施工人数：本次施工的所有人员，包含工作负责人和安全监护人。

（10）计划开始时间、实际开始时间、实际结束时间、签发日期：年使用四位数字，月、日、时、分使用双位数字和 24h 制，如 2022 年 09 月 08 日 16 时 06 分。

（11）主要风险：根据现场勘察（复勘）情况，针对性的填写本次作业中的风险点。

（12）工作负责人：指该项工作的负责人，应由有专业工作经验、熟悉现场作业环境和流程、工作范围的人员担任。

（13）安全监护人（多地点作业应分别设监护人）：应具有相关专业工作经验，熟悉现场作业情况和本规程的人员担任。

（14）具体分工（含特殊工种作业人员）：应包括工作负责人、安全监护人、特种作业人员和"其他施工人员"（具体配合人员）。"施工人数"应等于"具体分工（含特殊工种作业人员）"与"其他施工人员"的人数之和。

例：张××、李××为高处作业人员负责架线工作。

（15）其他施工人员：是指在该项作业中，作业票上签过名字的实际参与作业（除以上具体分工外）的其他人员。

（16）作业必备条件及班前会检查：结合工程现场实际检查并打勾，不涉及项目应为空。

（17）全员签名：全员手签，不得代签（包含工作负责人、安全监护人）。

（18）编制人（工作负责人）：由工作负责人进行编制作业票。

（19）审核人（安全、技术）：由施工班组所在单位的安全员、技术员进行审核。

（20）签发人：由施工班组长签发。

（21）风险控制措施：描述针对本次作业风险点所采取的防控措施。

（22）备注：填写与本施工相关而在其他项目无法填写的内容，如：安全风险管控监督平台作业计划编号，变更工作负责人姓名和时间、工作变动、延期情况以及其他应说明事项。

8.4 施工作业票B

8.4.1 施工作业票B格式

施 工 作 业 票 B

工程名称		编号	
施工班组（队）		工程阶段	
工序及作业内容		作业部位	
执行方案名称		风险最高等级	
施工人数		计划开始时间	
实际开始时间		实际结束时间	
主要风险			
工作负责人		专责监护人（多地点作业应分别设监护人）	

具体分工（含特殊工种作业人员）：

其他施工人员：

作业必备条件及班前会检查	是	否
1. 作业人员着装是否规范、精神状态是否良好，是否经安全培训	☐	☐
2. 特种作业人员是否持证上岗	☐	☐
3. 作业人员是否无妨碍工作的职业禁忌	☐	☐
4. 是否无超年龄或年龄不足参与作业	☐	☐
5. 施工机械、设备是否有合格证并经检测合格	☐	☐
6. 工器具是否经准入检查，是否完好，是否经检查合格有效	☐	☐
7. 是否配备个人安全防护用品，并经检验合格，是否齐全、完好	☐	☐
8. 结构性材料是否有合格证	☐	☐
9. 按规定需送检的材料是否送检并符合要求	☐	☐
10. 安全文明施工设施是否符合要求，是否齐全、完好	☐	☐
11. 是否编制安全技术措施，安全技术方案是否制定并经审批或专家论证	☐	☐
12. 作业票是否已办理并进行交底	☐	☐
13. 施工人员是否参加过本工程技术安全措施交底	☐	☐
14. 施工人员对工作分工是否清楚	☐	☐
15. 各工作岗位人员对施工中可能存在的风险及预控措施是否明白	☐	☐
16. 施工点必须配备足够的应急药品，尽量避免在恶劣气象条件下工作	☐	☐

具体措施见风险预控措施：

全员签名：

编制人（工作负责人）		审核人（安全、技术）	
安全监护人		签发人（施工项目部项目经理）	
签发日期			
监理人员		业主项目部项目经理	
风险预控措施：			
备注	作业计划编号		

8.4.2 施工作业票 B 填写规范

（1）工程名称：填写施工工程名称。

例：10kV 某某线某某支线改造工程；某某市配电网 2022 年第一批工程。

（2）编号：施工作业票 B 的编号规则参照本部分 4.4。

（3）施工班组（队）：填写施工班组名称，若多班组工作，应填写全部工作班组。

（4）工程阶段：根据实际填写，指施工前期、中期、后期阶段。

（5）工序及作业内容：根据实际情况填写，应涵盖所有需要列入作业票的作业内容，并与现场实际情况保持一致。填写应清晰准确，术语规范。不得使用模糊词语。

（6）作业部位：实际施工部位，例如线路施工应写明电压等级、名称和杆塔编号或起止编号。

（7）执行方案名称：该项目施工方案名称，应包含每项作业内容对应的方案。

（8）风险最高等级：按所有施工工序的最高等级确定。

（9）施工人数：本次施工的所有人员，包含工作负责人和安全监护人。

（10）计划开始时间、实际开始时间、实际结束时间、签发日期：年使用四位数字，月、日、时、分使用双位数字和 24h 制，如 2022 年 09 月 08 日 16 时 06 分。

（11）主要风险：根据现场勘察（复勘）情况，针对性的填写本次作业中的风险点。

（12）工作负责人：指该项工作的负责人，应由有专业工作经验、熟悉现场作业环境和流程、工作范围的人员担任。

（13）专责监护人（多地点作业应分别设监护人）：应具有相关专业工作经验，熟悉现场作业情况和本规程的人员担任。多地点作业应分别设监护人。

（14）具体分工（含特殊工种作业人员）：应包括工作负责人、安全监护人、特种作业人员和其他施工人员（具体配合人员）。"施工人数"应等于"具体分工（含特殊工种作业人员）"与"其他施工人员"的人数之和。

例：张××、李××为高处作业人员负责架线工作。

（15）其他施工人员：是指在该项作业中，作业票上签过名字的实际参与作业（除以上具体分工外）的其他人员。

（16）作业必备条件及班前会检查：结合工程现场实际检查并打勾，不涉及项目应为空。

（17）全员签名：全员手签，不得代签（包含工作负责人、安全监护人）。

（18）编制人（工作负责人）：由工作负责人进行编制作业票。

（19）审核人（安全、技术）：由施工班组所在单位的安全员、技术员进行审核。

（20）安全监护人：本项工作的安全监护人签字。

（21）签发人：由施工班组长及以上人员签发。

（22）监理人员：监理人员签字审核。

（23）业主项目部经理：业主项目部经理签字审核。

（24）风险控制措施：描述针对本次作业风险点所采取的防控措施。

（25）备注：填写与本施工相关而在其他项目无法填写的内容，如：安全风险管控监督平台作业计划编号，变更工作负责人姓名和时间、工作变动、延期情况以及其他应说明事项。

8.5 现场勘察记录

8.5.1 现场勘察记录格式

现 场 勘 察 记 录

勘察单位：_____ 部门（或班组）：_____ 编号：_____

勘察负责人：_____ 勘察人员：_____

勘察的作业风险等级：_____

勘察的线路名称或设备双重名称（多回应注明双重称号及方位）：_____

工作任务［工作地点（地段）以及工作内容］：_____

现场勘察内容：

1. 工作地点需要停电的范围
2. 保留的带电部位
3. 作业现场的条件、环境及其他危险点［应注明：交叉、邻近（同杆塔、并行）电力线路；多电源、自发电情况，有可能反送电的设备和分支线；地下管网沟道及其他影响施工作业的设施情况］
4. 应采取的安全措施（应注明：接地线、绝缘隔板、遮栏、围栏、标示牌等装设位置）
5. 附图与说明

记录人：_____ 勘察日期：_____年___月___日___时

备注：_____

8.5.2 现场勘察记录填写规范

（1）勘察单位：指勘察负责人所在的部门或单位。

（2）部门（或班组）：指勘察负责人所在的班、所。

（3）编号：编号应连续且唯一，不得重号。编号共由 4 部分组成，含勘察单位特指字、年（四位）、月（两位）和顺序号（三位）。

（4）勘察负责人：指组织该项勘察工作的负责人，由工作票签发人或工作负责人担任。

（5）勘察人员：应逐个填写参加勘察的人员姓名，包含设备运维管理单位（含客户）和检修（施工）单位等相关人员（对涉及多专业、部门、单位的，应由项目主管部门、单位组织相关人员共同参与）。

（6）勘察的作业风险等级：填写本次勘察时的作业风险等级。

（7）勘察的线路名称或设备的双重名称（多回应注明双重称号及方位）：填写线路全称，设备双重名称。

（8）工作任务［工作地点（地段）和工作内容］：填写勘察地点及对应的工作内容。例：10kV 郑供线 15 号杆更换电能表前勘察。

（9）现场勘察内容：

1）工作地点需要停电的范围：待检修设备、线路（含分支线路）起止杆号和需要停电的同杆塔、交叉跨越线路或临近线路的起止杆号等。

2）保留的带电部位：待检修线路或设备工作地段及周围所保留的带电部位。

3）作业现场条件、环境及其他危险点［应注明：交叉、邻近（同杆塔、并行）电力线路；多电源、自发电情况，有可能反送电的设备和分支线；地下管网沟道及其他影响施工作业的设施情况］：填写交叉、邻近（同杆塔、并行）电力线路；多电源、自发电情况，有可能反送电的设备和分支线；地下管网沟道及其他影响施工作业等风险因素。

4）应采取的安全措施（应注明接地线、绝缘隔板、遮栏、围栏、标示牌等装设位置）：填写根据上述工作地点保留带电部位、作业现场的条件、环境及其他危险点，采取的针对性安全措施；根据确定的作业风险等级，采取的管控措施等。

5）附图与说明：根据实际情况填写文字说明，附现场照片或安措示意图。

（10）记录人及勘察日期：完成现场勘察后，由记录人填写姓名并填写勘察时间。

（11）备注：如需进入开关站、配电室进行现场勘察应经运维人员同意并在备注栏注明。

8.6 营销作业派工单

8.6.1 营销作业派工单格式

营 销 作 业 派 工 单

单位：　　　　　　　　作业计划编号：　　　　　　　　编号：

1. 派工人：　　　　　　　　　　班组：
2. 工作负责人：　　　　工作班成员（不包括工作负责人）：　　　　　共_____人
3. 工作地点及工作任务：
4. 计划工作时间：自_____年___月___日___时___分至_____年___月___日___时___分
5. 安全注意事项：
6. 派工人：　　　　　　派工时间：_____年___月___日___时___分
7. 工作班成员确认工作负责人布置的工作任务及安全注意事项并签名：
8. 工作任务完成情况：
9. 工作结束汇报时间：_____年___月___日___时___分
汇报方式：　　　　工作负责人：　　　　派工人：
备注：

8.6.2 营销作业派工单填写规范

单位：指工作负责人所在的部门或单位名称。

作业计划编号：填写安全风险管控监督平台作业计划编号。

编号：编号应连续且唯一，不得重号。编号共由 4 部分组成，含派工单位特指字、年（四位）、月（两位）和顺序号（三位）4 部分。

（1）派工人：填写对应工作的派工人员，由班组长及以上人员担任。

班组：指参与工作的班组，多班组工作，应填写全部工作班组。

（2）工作负责人：指该项工作的负责人。

工作班成员（不包括工作负责人）：应逐个填写参加工作的人员姓名。

（3）工作地点及工作任务：填写工作地点及工作任务。

（4）计划工作时间：填写批准的工作时间，时间应使用阿拉伯数字填写，包含年（四位），月、日、时、分（均为双位，24h 制）。

（5）安全注意事项：填写作业现场条件、环境及其他危险点，及应采取的安全措施。

（6）派工人：填写对应工作的派工人员，由班组长及以上人员担任。

派工时间：时间应使用阿拉伯数字填写，包含年（四位），月、日、时、分（均为双位，24h 制）。

（7）工作班成员确认工作负责人布置的工作任务及安全注意事项并签名：应逐个填写参加工作的人员姓名。

（8）工作任务完成情况：填写工作内容及完成情况。

（9）工作结束汇报时间：时间应使用阿拉伯数字填写，包含年（四位）、月、日、时、分（均为双位，24h 制）。

（10）汇报方式：当面或电话，电话报告经复诵无误宜录音。

（11）工作负责人签名、派工人签名：工作负责人、派工人对上述内容确认无误后签名。

（12）备注：填写工作任务变动原因、工作负责人与临时指定工作负责人的交接手续、未执行的原因及其他需要说明的事项。

8.7 其他工作票填写规范

营销现场作业需要办理变电、配电专业工作票时，参照变电、配电工作票填写规范执行。

9. 工 作 票 样 例

样例 1 低压工作票（0.4kV 台区新装用户三相四线电能表）

低 压 工 作 票

单位：新城区供电公司　　　　　　　　　　　　　　　　编号：新 2023 – 03 – 018

1	工作负责人（监护人）：韩×强　　　　　　　班组：用电服务一班
2	工作班人员（不包括工作负责人）：李×伟、宋×华、张×宾、王×磊、郭×涛 　　　　　　　　　　　　　　　　　　　　　　　　　　　　　　共 05 人
3	工作的线路名称或设备双重名称（多回线路应注明双重称号及方位）、工作任务： 10V 春平线高桥营 1#台区 0.4kV 一主线 02#杆下火处，新装×××用户三相四线电能表 1 块
4	计划工作时间：自　2023　年　03　月　27　日　08　时　00　分 　　　　　　　　至　2023　年　03　月　27　日　12　时　00　分
5	安全措施（必要时可附页绘图说明）： 5.1 工作的条件和应采取的安全措施（停电、接地、隔离和装设的安全遮栏、围栏、标示牌等）： （1）断开高桥营 1#台区 0.4kV 一主线漏保开关，在开关出线端子验明确无电压后拉开低压刀闸，在该漏保开关操作把手上悬挂"禁止合闸、线路有人工作！"标示牌。（2）在高桥营 1#台区 0.4kV 一主线 01#杆（××用户 T 接处）验明确无电压后，立即装设 0.4kV05#低压接地线。（3）在高桥营 1#台区 0.4kV 一主线 03#杆（××用户 T 接处）验明确无电压后，立即装设 0.4kV07#低压接地线。（4）在高桥营 1#台区 0.4kV 一主线 02#杆出线××用户三相表箱周围设置围栏，在围栏四周面向外悬挂"止步，高压危险！"标示牌，在围栏出入口处悬挂"从此进出！"标示牌 5.2 保留的带电部位：高桥营 1#台区 0.4kV 一主线低压刀闸的电源侧及二主线低压全线带电。 5.3 其他安全措施或注意事项：本工作分两部分进行，首先不停电安装表箱、表计，敷设进线电缆；其次再执行停电工作内容。（1）在得到工作许可人的许可命令后方可进入工作现场，召开班前会进行"三交、三查"和危险点告知，并履行确认签字手续。（2）使用合格的安全工器具，使用前检查确认合格。（3）登杆前应核对线路名称及编号，检查杆根、拉线是否牢固。（4）高处作业人员正确使用防高坠装备，杆上作业使用工具袋，上下传递工具、材料等使用绳索，禁止上下抛物。（5）操作人员接触低压金属配电箱前应先验电，验明确无电压后立即装设接地线 工作票签发人签名：　王×虎　　　　　　　　2023　年　03　月　26　日　15　时　42　分 工作负责人签名：　韩×强　　　　　　　　　2023　年　03　月　26　日　16　时　33　分

6	工作许可： 6.1 现场补充的安全措施：无。 6.2 确认本工作票的安全措施正确完备，许可工作开始： 许可方式：__电话__ 许可工作时间__2023__年__03__月__27__日__08__时__35__分 工作许可人签名：__贾×迎__ 工作负责人签名__韩×强__
7	现场交底，工作班成员确认工作负责人布置的工作任务、人员分工、安全措施和注意事项并签名： __李×伟 宋×华 张×宾 王×磊 郭×涛__
8	开始工作时间： __2023__年__03__月__27__日__09__时__00__分工作负责人确认工作票所列安全措施全部执行完毕，下令开始工作
9	工作票延期：有效期延长到_____年___月___日___时___分 工作负责人签名：_____ _____年___月___日___时___分 工作许可人签名：_____ _____年___月___日___时___分
10	工作终结： 工作班现场所装设接地线共__02__组、个人保安线共__00__组已全部拆除，工作班人员已全部撤离现场，工具、材料已清理完毕，杆塔、设备上已无遗留物。 工作许可人签名：__贾×迎__ 工作负责人签名__韩×强__ 工作终结时间__2023__年__03__月__27__日__11__时__05__分　　　　　　【已执行】
11	备注： 作业计划编号：JZ-Z-2303190005Z
12	附图（有必要时）

注：表中的"已执行"章为红章。

样例2　营销现场作业工作卡（开展客户用电检查）

营销现场作业工作卡

单位：文峰供电所　　　　作业计划编号：XC-Z-2303070009Z　　　　编号：文峰2023-03-007

工作负责人：曹×军		班组：用电服务班		
工作班成员（不包括工作负责人）：李×民　　共　01　人				
计划工作时间	自__2023__年__03__月__07__日__10__时__10__分至__2023__年__03__月__07__日__10__时__40__分			
客户名称	工作地点	工作指派人	派工时间	现场作业类型
气象局	许昌市气象局地下配电房	梁×超（班组长）	2023年03月07日09时00分	用电检查

序号	工作现场风险点分析	注意事项及安全措施	逐项落实并打"√"
1	配电设备带电在正常运行	防止误碰带电设备	√
2			
3			
4			
5			

工作负责人签名	曹×军
工作许可人签名（供电公司）	程×远
工作许可人签名（客户）	夏×岭
工作任务和现场安全措施已确认，工作班成员签名	李×民

开工时间：<u>2023</u> 年 <u>03</u> 月 <u>07</u> 日 <u>10</u> 时 <u>15</u> 分

工作终结	工作负责人签名：曹×军	工作许可人签名（供电公司）：程×远 工作许可人签名（客户）：夏×岭

收工时间：<u>2023</u> 年 <u>03</u> 月 <u>07</u> 日 <u>10</u> 时 <u>35</u> 分

注：1. 营销现场作业工作卡应按以下程序执行：工作负责人办票→工作指派人签字→履行现场安全措施→工作人员现场检查安全措施→工作许可（含客户许可）→开工→工作结束→存档备案。

2. 一张营销现场作业工作卡宜执行同一类营销现场工作，工作负责人可根据实际增加不同工作地点。

3. 本卡属通用模板，仅供参考，需要现场作业人员结合现场实际认真分析、列出现场实际存在的风险点，并对照填写注意事项及安全措施。

样例 3　施工作业票 A（小召 220kV 变电站扩建工程电压互感器校验）

施 工 作 业 票 A

工程名称	小召 220kV 变电站扩建工程	编号	装表 2023 - 03 - 001
施工班组（队）	计量中心装表班	工程阶段	前期阶段
工序及作业内容	电压互感器计量回路校验	作业部位	设备区
执行方案名称	《电压互感器现场检验标准化作业指导书》	风险最高等级	四级
施工人数	4 人	计划开始时间	2023 年 03 月 02 日 15 时 00 分
实际开始时间	2023 年 03 月 02 日 15 时 00 分	实际结束时间	2023 年 03 月 02 日 16 时 00 分
主要风险	1. 触电、2. 高坠、3. 意外伤害		
工作负责人	兰×刚	安全监护人（多地点作业应分别设监护人）	王×明
具体分工（含特殊工种作业人员）			
兰×刚为工作负责人；王×明为安全监护人；闫×杰、刘×旺为高处作业人员			
其他施工人员：无			

作业必备条件及班前会检查	是	否
1. 作业人员着装是否规范、精神状态是否良好，是否经安全培训	☑	☐
2. 特种作业人员是否持证上岗	☑	☐
3. 作业人员是否无妨碍工作的职业禁忌	☑	☐
4. 是否无超年龄或年龄不足参与作业	☑	☐
5. 施工机械、设备是否有合格证并经检测合格	☑	☐
6. 工器具是否经准入检查，是否完好，是否经检查合格有效	☑	☐
7. 是否配备个人安全防护用品，并经检验合格，是否齐全、完好	☑	☐
8. 结构性材料是否有合格证	☑	☐
9. 按规定需送检的材料是否送检并符合要求	☑	☐
10. 安全文明施工设施是否符合要求，是否齐全、完好	☑	☐
11. 是否编制安全技术措施，安全技术方案是否制定并经审批或专家论证	☑	☐
12. 作业票是否已办理并进行交底	☑	☐
13. 施工人员是否参加过本工程技术安全措施交底	☑	☐
14. 施工人员对工作分工是否清楚	☑	☐
15. 各工作岗位人员对施工中可能存在的风险及预控措施是否明白	☑	☐
16. 施工点必须配备足够的应急药品，尽量避免在恶劣气象条件下工作	☑	☐

具体措施见风险预控措施

全员签名：

兰×刚　王×明　闫×杰　刘×旺

编制人（工作负责人）	兰×刚	审核人（安全、技术）	亢×轩（安全）、韩×强（技术）
签发人	李×勇（班组长）		
签发日期	2023 年 03 月 01 日 09 时 45 分		

风险预控措施：
1. 明确工作范围，在 220kV 电压互感器设备区装设安全围栏，隔离非工作区域，并设置专用通道，悬挂"从此进出！"标示牌，并设专人看护。
2. 接取临时电源应有专人监护，电源盘应有漏电保护器，电源电缆线无绝缘破损，连接可靠。
3. 被试互感器应可靠接地，试验结束后应充分放电。
4. 登高作业使用梯子应有防滑措施，专人监护，使用单梯工作时，梯子与地面倾斜角度为 60°左右，人字梯应有限制开度的措施，人在梯子上时，禁止移动梯子。
5. 升压检测过程应有人呼唱，检测人员在检测过程中注意力应高度集中，防止异常，设试验围栏。
6. 正确使用绝缘工器具，严禁野蛮施工，防止损坏设备及工作人员人身伤害

备注	作业计划编号：JZ－Z－2303010007Z

样例 4 配电第二种工作票（配电室计量装置二次回路检查）

配电第二种工作票

单位：新城区供电公司   编号：新 2023－03－053

1	工作负责人：王×胜	班组：装表一班
2	工作班成员（不包括工作负责人）：刘×民、王×虎、杨×强 共 03 人	

3	工作任务	
	工作地点（地段）或设备［注明变（配）电站、线路名称、设备双重名称及线路起止杆号等］	工作内容
	10kV 鹿鸣线鹿 122 开关裕中房地产开发有限公司配电室计量柜	计量装置二次回路检查

4	计划工作时间：自 2023 年 03 月 19 日 08 时 30 分至 2023 年 03 月 19 日 18 时 00 分

5	工作条件和安全措施（必要时可附页绘图说明）： 工作条件：不停电 安全措施： （1）开工前，向工作班成员交代工作内容、工作范围、带电部位及危险点并确认都已知晓。（2）认真核对设备名称，确认无误后，在工作地点装设围栏，悬挂"在此工作！"的标示牌，并用验电笔检验屏柜门、设备外壳是否带电。（3）严禁 TA 二次回路开路，TV 二次回路短路或接地。（4）与临近带电的 10kV 设备保持 0.7m 及以上的安全距离，并设专人监护。（5）工作完毕后，清理现场、清点人数，并向供电所许可人汇报完工
	工作票签发人签名：李×民 2023 年 03 月 19 日 08 时 10 分 工作票签发人签名： 年 月 日 时 分 工作负责人签名： 王×胜 2023 年 03 月 19 日 08 时 12 分

6	现场补充的安全措施： 无

7	工作许可：				
	许可内容	许可方式	工作许可人	工作负责人签名	许可工作的时间
	10kV 鹿鸣线鹿 122 开关裕中房地产开发有限公司配电室计量柜	当面	刘×振	王×胜	2023 年 03 月 19 日 09 时 10 分
	10kV 鹿鸣线鹿 122 开关裕中房地产开发有限公司配电室计量柜	当面	梁×华（客户）	王×胜	2023 年 03 月 19 日 09 时 10 分

8	（1）指定专责监护人 负责监护 （地点及具体工作） （2）指定专责监护人 负责监护 （地点及具体工作） （3）指定专责监护人 负责监护 （地点及具体工作） 现场交底，工作班成员确认工作负责人布置的工作任务、人员分工、安全措施和注意事项并签名： 刘×民 王×虎 杨×强

9	开始工作时间： 2023 年 03 月 19 日 09 时 15 分工作负责人确认工作票所列安全措施全部执行完毕，下令开始工作

10	工作票延期：有效期延长到 年 月 日 时 分 工作负责人签名 年 月 日 时 分 工作许可人签名 年 月 日 时 分

11	工作终结 11.1 工作班布置的安全措施已恢复，工作班成员已全部撤离现场，材料工具已清理完毕，杆塔、设备上已无遗留物。 工作完工时间： 2023 年 03 月 19 日 17 时 00 分 工作负责人签名：王×胜

	11.2 工作终结报告：				
	终结内容	报告方式	工作负责人签名	工作许可人	终结报告（或结束）时间
11	10kV鹿鸣线鹿122开关裕中房地产开发有限公司配电室计量柜	当面	王×胜	刘×振	__2023__ 年 __03__ 月 __19__ 日 __17__ 时 __00__ 分
	10kV鹿鸣线鹿122开关裕中房地产开发有限公司配电室计量柜	当面	王×胜	梁×华（客户）	__2023__ 年 __03__ 月 __19__ 日 __17__ 时 __10__ 分 【已执行】
12	备注： 作业计划编号：JZ-Z-2303200015Z				

注：表中的"已执行"章为红章。

样例5　变电站第二种工作票（10kV高压室10kV备用间隔焦65开关电能表安装）

变 电 站 第 二 种 工 作 票

单位：营销支持中心　　　　　　　　　　　　　　　　　　　　　　编号：焦2023-03-001

1	工作负责人（监护人）：赵×华　　　　　　班组：装表接电二班
2	工作班人员（不包括工作负责人）：　兰×强、陈×东 _____　共 __02__ 人
3	工作的变、配电站名称及设备双重名称：220kV焦作变电站10kV备用间隔焦65开关
4	工作任务 <table><tr><td>工作地点或地段</td><td>工作内容</td></tr><tr><td>10kV高压室10kV备用间隔焦65开关</td><td>电能表安装</td></tr></table>
5	计划工作时间：自 __2023__ 年 __03__ 月 __02__ 日 __09__ 时 __00__ 分 　　　　　　　至 __2023__ 年 __03__ 月 __02__ 日 __18__ 时 __00__ 分
6	工作条件（停电或不停电，或邻近及保留带电设备名称）： 不停电
7	注意事项（安全措施）认清工作位置，防止二次电压短路，二次电流开路。 工作票签发人签名：__李×超__　　签发日期：__2023__ 年 __03__ 月 __02__ 日 __08__ 时 __30__ 分
8	补充安全措施（工作许可人填写） 无
9	确认本工作票1～8项： 工作负责人签名 __赵×华__　　　工作许可人签名：__杨×义__ 许可工作时间：__2023__ 年 __03__ 月 __02__ 日 __09__ 时 __40__ 分
10	确认工作负责人布置的工作任务和安全措施： 工作班人员签名 兰×强　陈×东
11	工作票延期： 有效期延长到 ____ 年 ___ 月 ___ 日 ___ 时 ___ 分 工作负责人签名_____　　　　　　　　工作许可人签名_____ 　　　　　　　　　　　　　　　　　　　　　年 ___ 月 ___ 日 ___ 时 ___ 分
12	工作票终结： 全部工作于 __2023__ 年 __03__ 月 __02__ 日 __17__ 时 __50__ 分结束，工作人员已全部撤离，材料工具已清理完毕。 工作负责人签名：__赵×华__　　工作许可人签名：__杨×义__ __2023__ 年 __03__ 月 __02__ 日 __17__ 时 __55__ 分　　　【已执行】
13	备注： 作业计划编号：JZ-Z-2302210008Z

注：表中的"已执行"章为红章。

样例6 变电站事故紧急抢修单（110kV焦作变电站主控室计量柜电能表和采集终端抢修）

变电站事故紧急抢修单

单位：计量中心　　　　　　　　　　　　　　　　　　　　　　　编号：焦2023－03－003

1	抢修工作负责人（监护人）：　张×民　　　　　班组：装表接电一班
2	抢修班人员（不包括抢修工作负责人）：付×军、袁×强、李×民 　　　　　　　　　　　　　　　　　　　　　　　　　　　　　　共　03　人
3	抢修任务（抢修地点和抢修内容） 110kV焦作变电站主控室计量柜电能表和采集终端抢修
4	安全措施：(1)断开计量柜所有电源。(2)在计量柜周围装设围栏。(3)在围栏上悬挂"在此工作!"标示牌
5	抢修地点保留带电部分或注意事项：(1)相邻柜体带电。(2)按规定着装，认清工作位置，严禁超出工作范围，加强监护，远离带电设备，防止触电
6	上述1～5项由抢修工作负责人　张×民　根据抢修任务布置人　王×虎　的布置填写
7	经现场勘察需补充下列安全措施 无 经许可人（调控/运维人员）＿＿＿＿＿同意（＿＿＿月＿＿日＿＿时＿＿分）后，已执行
8	许可抢修时间　　2023　年　03　月　15　日　10　时　10　分 　　　　许可人（调控/运维人员）李×平
9	现场交底，抢修工作班成员确认抢修工作负责人布置的工作任务、人员分工、安全措施和注意事项并签名： 付×军　袁×强　李×民
10	抢修结束汇报 本抢修工作于　2023　年　03　月　15　日　12　时　10　分结束。 现场设备状况及保留安全措施：　　现场计量装置已恢复正常，无保留安全措施。 抢修班人员已全部撤离，材料工具已清理完毕，事故紧急抢修单已终结。 抢修工作负责人　张×民　　　　　许可人（调控/运维人员）李×平 填写时间：　2023　年　03　月　15　日　12　时　15　分　　　　　　已执行
11	备注： 作业计划编号：JZ－Z－2303070008Z

注：表中的"已执行"章为红章。

样例7 现场勘察记录（电能表更换现场勘察）

现 场 勘 察 记 录

勘察单位：　营销支持中心　　　部门（或班组）：　装表一班　　　编号：装表2023－03－001

勘察负责人　赵×州　　　　勘察人员：　李×华、王×波

勘察的作业风险等级：　四级

勘察的线路名称或设备双重名称（多回应注明双重称号及方位）：＿＿＿＿＿＿＿＿＿＿＿

10kV某某配电室10kV备用间隔65开关

工作任务［工作地点（地段）以及工作内容］：　　　　　电能表更换

现场勘察内容：

1. 工作地点需要停电的范围 不停电
2. 保留的带电部位 配电室所有间隔带电
3. 作业现场的条件、环境及其他危险点［应注明：交叉、邻近（同杆塔、并行）电力线路；多电源、自发电情况，有可能反送电的设备和分支线；地下管网沟道及其他影响施工作业的设施情况］ 配电室所有间隔带电，保持安全距离

4. 应采取的安全措施（应注明：接地线、绝缘隔板、遮栏、围栏、标示牌等装设位置） 在工作地点装设围栏，悬挂"在此工作！"标示牌
5. 附图与说明 无

记录人：<u>李×华</u>　　　　　　　　　　　勘察日期：<u>　2023　</u>年<u>　03　</u>月<u>　01　</u>日<u>　15　</u>时

备注：_____

样例 8　营销作业派工单（开展客户业扩报装）

营 销 作 业 派 工 单

单位：营销支持中心　　　　作业计划编号：PDS－Z－2303050008Z　　　　编号：业扩 2023－03－005

1. 派工人：张×保　　　　　　　　　班组：　　业扩报装班
2. 工作负责人：李×超　　　　工作班成员（不包括工作负责人）：田×忠　共<u>　01　</u>人
3. 工作地点及工作任务：10kV 金山科技园业扩报装工程 现场勘察\中间检查\竣工验收\送电
4. 计划工作时间：自<u>　2023　</u>年<u>　03　</u>月<u>　05　</u>日<u>　14　</u>时<u>　00　</u>分至<u>　2023　</u>年<u>　03　</u>月<u>　05　</u>日<u>　17　</u>时<u>　00　</u>分
5. 安全注意事项： （1）派工人向工作班成员进行"三交、三查"，工作班成员确认签名。 （2）严格执行"两穿一戴"。 （3）严禁操作用户电气设备。 （4）竣工验收\送电前确认新设备为冷备用状态。 （5）送电操作时与受电设备保持安全距离
6. 派工人：　　张×保　　　　派工时间：<u>　2023　</u>年<u>　03　</u>月<u>　05　</u>日<u>　12　</u>时<u>　00　</u>分
7. 工作班成员确认工作负责人布置的工作任务及安全注意事项并签名： 田×忠
8. 工作任务完成情况： 已完成　现场勘察\中间检查\竣工验收\送电
9. 工作结束汇报时间：<u>2023</u>年<u>　03　</u>月<u>　05　</u>日<u>　16　</u>时<u>　30　</u>分 汇报方式：<u>　当面　</u>　工作负责人：<u>　李×超　</u>　派工人：<u>　张×保　</u>
备注：

信息工作票填用规范

1. 总　　则

1.1　为贯彻执行《国家电网公司电力安全工作规程（信息、电力通信、电力监控部分）（试行）》（国家电网安质〔2018〕396 号）［简称《安规》（信息部分）］、《国网河南省电力公司关于印发信息工作执行〈国家电网公司安全工作规程〉（信息部分）实施意见（试行）的通知》（豫电安〔2018〕889 号）、《国网安监部关于规范工作票（作业票）管理工作的通知》（安监二〔2022〕37 号）等要求，规范公司信息工作票的管理，特制定本规范。

1.2　本规范明确了信息工作票、信息工作任务单的填用、执行、统计与管理等全过程工作要求，并逐一编制了票面格式、填写规范和样例。

1.3　工作票的填写与使用应严格执行《安规》（信息部分）及本规范。

1.4　工作票是允许在信息设备、信息系统及相关场所作业的书面命令，是落实安全组织措施、技术措施和安全责任的书面依据。

1.5　在信息设备、信息系统及相关场所作业应实行安全"双准入"，作业的单位和人员应具备安全风险管控监督平台准入资质。

1.6　各单位应每年对工作票签发人、工作负责人、工作许可人考核审查和书面公布，并保证其满足《安规》（信息部分）中规定的基本条件，在各自职责范围内履行相应的工作票手续，承担相应安全职责。

1.7　一张信息工作票中，工作许可人与工作负责人不得互相兼任。一张信息工作任务单中，工作票签发人与工作负责人不得互相兼任。

1.8　外来单位承接本单位作业项目时，一般情况下工作负责人宜由外来单位人员担任，特殊情况下可由项目管理单位（部门）或设备运维管理单位根据作业项目、人员状况及现场安全条件等情况协商指定。

1.9　在信息设备、信息系统及相关场所工作时，执行《安规》（信息部分）和本规范相关要求。

1.10　公司系统各单位、省管产业单位，外来单位在公司系统内工作时应遵照本规范执行。各级有关管理人员和从事调度、运维、检修、研发、测试、施工等人员，应加强学习，熟悉本规范并严格执行。

1.11　本规范若有与上级规程和要求相抵触者，以上级要求为准。各单位可根据各自情况制定具体实施细则或补充规定。

2. 工作票的种类与使用

2.1 工作票的种类

（1）信息工作票。

（2）信息工作任务单。

2.2 工作票的使用

2.2.1 在信息设备、信息系统及相关场所的工作，应填用信息工作票或工作任务单。

2.2.2 填用信息工作票的工作：

（1）业务系统的上下线工作。

（2）一、二类业务系统，统推三类及接入 I6000 监测的系统版本升级、漏洞修复、数据操作等检修工作。

（3）承载一、二类业务系统及统推三类系统的主机设备、数据库、中间件、存储设备、网络设备及相应安全设备投运、检修工作。

（4）负载均衡设备重启、版本升级等工作。

（5）地市供电公司及以上单位信息网络的核心层网络设备、上联网络设备和安全设备的投运、检修工作。

（6）地市供电公司及以上单位信息机房不间断电源系统、空气调节系统的检修工作。

（7）在 I6000 系统中发起检修计划工单的所有操作。

2.2.3 填用信息工作票或工作任务单的工作：

（1）非统推三类系统的主机设备、数据库、中间件、存储设备、网络设备及相应安全设备检修工作。

（2）地市供电公司级以上单位信息网络的汇聚层网络设备的投运、检修工作。

（3）县供电公司级单位核心层网络设备、上联网络设备和安全设备的投运、检修工作。

（4）县供电公司级单位信息机房不间断电源的检修工作。

（5）除第 2.2.2（3）条规定之外的主机设备、数据库、中间件、存储设备，非接入层网络设备及安全设备投运、检修工作。

2.2.4 填用信息工作任务单的工作：

其余需要进入运维专区、机房等的工作都需要填写信息工作任务单。

2.2.5 其他不需要填用信息工作票、信息工作任务单的工作，应使用其他书面记录或按口头、电话命令执行。

3. 一 般 规 定

3.1　工作票应统一格式，采用 A4 或 A3 纸，用黑色或蓝色的钢（水）笔或圆珠笔填写与签发，也可用计算机或 I6000 系统生成。工作票一式两份（或多份），内容填写应正确、清楚，不得任意涂改。

3.2　每份工作票签发方和许可方修改均不得超过两处，但工作时间、工作地点、设备或系统、动词等不得改动。错、漏字修改应使用规范的符号，字迹应清楚。填写有错字时，更改方法为在写错的字上划水平线，接着修改为正确的字即可。审查时发现错字，将正确的字写到空白处圈起来，将写错的字也圈起来，再用线连接。漏字时将要增补的字圈起来连线至增补位置，并画"∧"符号。工作票不允许刮改。禁止用"……""同上"等省略填写。

3.3　在同一时间段内，工作负责人、工作班成员不得重复出现在不同的执行中的信息工作票（工作任务单）上。一个工作负责人不能同时执行两张及以上信息工作票（工作任务单）。

3.4　信息工作票一份由工作负责人收执，另一份由工作许可人收执。信息工作任务单一份由工作负责人收执，另一份由工作票签发人收执。

3.5　信息专业紧急抢修时，使用信息工作票或信息工作任务单。抢修时的信息工作票或信息工作任务单可不经工作票签发人书面签发，但应经工作票签发人同意，并在备注栏中注明。

3.6　作废的信息工作票（工作任务单），应在备注栏中注明"已作废"，交由工作票签发人确认签字后归档。

3.7　信息工作票（工作任务单）内容需按照 I6000 系统中的标准模板如实填写所列项目，必要时可补充附件进行说明。

4. 填 写 与 签 发

4.1　工作票由工作负责人或工作票签发人填写。工作票上所列的签名项，应采用人工签名或电子签名。电子签名指在数字化系统中经授权和规定程序自动生成的签名。

4.2　工作票应由工作票签发人审核无误，手工或电子签名后方可执行。已签发的工作票，未经工作票签发人同意，不得擅自修改。

4.3　工作票的编号：工作票编号应连续且唯一，宜与 I6000 系统自动生成的编号保持一致。【单位简称】工作票种类－年月日＋序号。例：【河南】信息工作票－20230106014、

【封丘】信息工作任务单－20230209001。

4.4 作业计划编号：指安全风险管控监督平台作业计划编号，填写在工作票（任务单）备注栏。

4.5 所属单位：指工作负责人所在单位。

4.6 工作负责人：指该项工作的负责人。

4.7 班组名称：指参与工作的班组，多班组工作应填写全部工作班组。

4.8 工作班成员（不包括工作负责人）：指参加工作的工作班人员、厂方人员和临时用工等全部工作人员。工作班成员应逐个填写姓名。

4.9 工作票上的时间：工作票填写使用 I6000 系统自动默认的时间格式，年使用四位数字，月、日、时、分，使用双位数字和 24h 制，格式为年－月－日 时：分：秒，例：2023－11－23 10：15：20。

4.10 计划工作时间：以批准的检修期为限。

5. 许 可 与 执 行

5.1 工作许可人应及时审查工作票所列安全措施是否完备、是否符合现场条件和《安规》（信息部分）规定。经审查不合格者，应将工作票退回。

5.2 在开工前，工作负责人应当面或电话向工作许可人申请开工许可，工作许可人应在确认工作票所列的安全措施全部完成后，发出许可命令，工作票应同时在 I6000 中完成线上许可手续。

5.3 工作票有污损不能继续使用时，应办理新的工作票。

5.4 工作负责人应始终在工作现场。

5.5 工作许可手续完成后，工作负责人应向工作班成员交待工作内容、人员分工和现场安全措施，进行危险点告知，并履行签字确认手续。所有的许可手续（工作许可人姓名、许可方式、许可时间等）均应记录在工作票上。

5.6 工作期间，工作负责人若因故暂时离开工作现场时，应指定能胜任的人员临时代替，交待现场工作情况，告知工作班成员。原工作负责人返回工作现场时，应履行同样的交接手续，并在工作票备注栏注明。

5.7 非特殊情况不得变更工作负责人。如在工作票许可之前需变更工作负责人，则应由工作票签发人重新签发工作票；许可之后，如确需变更工作负责人应由工作票签发人同意并通知工作许可人，工作许可人将变动情况记录在工作票备注栏中。工作负责人只允许变更一次。原工作负责人、现工作负责人应对工作任务和安全措施进行交接。

5.8 需要变更工作班成员时，应经工作负责人同意，然后在备注栏中记录变更情况。

对新增的作业人员，应履行安全交底确认签名手续后，在备注栏填写新增人员的姓名、变动日期和时间；对离去人员，应在备注栏填写离去人员的姓名、变动日期和时间。

5.9 使用信息工作任务单的工作，可不办理工作许可手续。

6. 延 期 与 终 结

6.1 若工作需要延期，工作负责人应在信息工作票的有效期内，由工作负责人向工作许可人提出申请，得到同意后给予办理。办理信息工作任务单延期手续，应在信息工作任务单的有效期内，由工作负责人向工作票签发人提出申请，得到同意后给予办理。

6.2 信息作业全部工作完毕后，工作班成员应删除工作过程中产生的临时数据、临时账号等内容，确认信息系统运行正常，清扫、整理现场，全体工作班人员撤离工作地点。

6.3 填用信息工作票的工作，工作负责人应向工作许可人交待工作内容、发现的问题、验证结果和存在问题等，并会同工作许可人进行运行方式检查、状态确认和功能检查，各项检查均正常，确认无遗留物件后方可办理工作终结手续。

6.4 信息工作终结报告应按以下方式进行。

（1）当面报告。工作许可人和工作负责人应在信息工作票上记录终结时间，并分别签名。

（2）电话报告。工作许可人和工作负责人应分别在信息工作票上记录终结时间和双方姓名，并复诵核对无误。

6.5 工作全部流程完成后，工作许可人应在信息工作票工作终结栏内盖"已执行"章。信息工作票一份由工作许可人归档，一份由工作负责人归档。工作票签发人应在信息工作任务单工作终结栏内盖"已执行"章。信息工作任务单一份由工作票签发人归档，一份由工作负责人归档。

6.6 完成终结手续后，需在 I6000 系统中及时归档工作票。

7. 统 计 与 管 理

7.1 各单位应定期统计分析工作票填写和执行情况，对发现的问题及时制定整改措施。

7.2 信息调度值班人员应在交班前对本值工作票执行情况进行检查。

7.3 班长（主管）或安全员应每月对所执行的工作票进行整理、汇总、统计和分析。

7.4 二级机构管理人员每季度对已执行的工作票进行检查并填写检查意见。

7.5 地市公司级单位、县公司级单位安监部门每半年至少抽查调阅一次工作票。

7.6 有下列情况之一者统计为不合格工作票：

（1）工作票类型使用错误。

（2）工作票未按规定编号，工作票遗失、缺号，已执行的工作票重号。

（3）作业计划编号未填写或填写错误，与安全风险管控监督平台不一致。

（4）工作成员姓名、人数未按规定填写。

（5）工作班人员总数与签字总数不符且未注明原因。

（6）工作任务不明确。

（7）所列安全措施与现场实际或工作任务不符。

（8）工作票项目填错或漏填。

（9）字迹不清，对所用动词、设备名称涂改，或一份工作票涂改超过两处。

（10）工作班人员、工作许可人、工作负责人、工作票签发人未按规定签名。

（11）工作延期未办延期手续，工作负责人、工作班成员变更未按照规定履行手续。

（12）工作许可、工作终结未按规定办理手续。

（13）签发时间晚于计划开始时间的；许可时间早于计划开始时间的；终结时间晚于计划结束时间，且未办理延期的。

（14）未按规定加盖"已执行"印章，未按规定标注"已作废"字样。

（15）未列入上述标准的其他违反《安规》和上级有关规定的。

7.7 工作票合格率的统计方法

合格率＝（已执行的总票数－不合格的总票数）/（已执行的总票数）×100%。

7.8 工作票由许可部门和工作部门分别保存。已执行的工作票应至少保存 1 年。

8. 工作票填写规范

8.1 信息工作票
8.1.1 信息工作票格式

信 息 工 作 票

编号：   所属单位：

工作票填报			
工作负责人		班组名称	
工作班成员		工作班人数	
工作场所名称			
工作内容			

计划开始时间			计划结束时间		
涉及应用系统					
系统名称	分类	类型	应用网络	服务地址	运维单位

涉及软件及设备								
设备名称	分类	类型	所属网络	IP 地址/服务地址	运维责任人（单位）	安放地点	序列号

危险点分析	
安全措施	
备注	作业计划编号：

工作票签发			
签发时间		签发结果	
工作票签发人签名		工作负责人签名	

工作票许可			
许可开始工作时间		许可结果	
工作许可人签名		工作负责人签名	

现场交底（工作班成员确认工作 工作负责人布置的工作任务、人员分工、安全措施和注意事项并签名）

工作票延期		
工作延期至	工作负责人	工作许可人

工作终结	
工作终结说明	全部工作已结束，工作班人员已全部撤离工作地点，工作过程中产生的临时数据、临时账号等内容已删除，信息系统运行正常，现场已清扫、整理
工作终结时间	
工作负责人签名	工作许可人签名
备注	

8.1.2 信息工作票填写规范

（1）编号：工作票编号应连续且唯一，宜与 I6000 系统自动生成的编号保持一致。【单位简称】信息工作票–年月日＋序号。例：【河南】信息工作票–20230106014。

（2）所属单位：指工作负责人所在的单位。

（3）工作负责人：指该项工作的负责人。

（4）班组名称：指参与工作的班组。

（5）工作班成员（不包括工作负责人）：应逐个填写参加工作的人员姓名。

（6）工作场所名称：指该项工作开展的场所，包括检修专区、机房、配电室等场所。

（7）工作内容：工作内容应清晰准确，不得使用模糊词语。

（8）计划开始时间、计划结束时间：填写工作计划开始、结束时间，应使用阿拉伯数字填写，包含年（四位）、月、日、时、分、秒（均为双位，24h 制），如 2023 − 02 − 01 00:00:00。

（9）涉及应用系统：填写工作涉及信息系统名称，可填写多个系统名称。

（10）涉及软件及设备：从 I6000 系统拓扑图关联带入或者从 CMDB 关联带入。

（11）危险点分析：逐条列举危险点及可能造成的影响或后果。

（12）安全措施：

授权：写明本次检修所授权使用的全部账号名（账号主要包括：运维工具账号、服务器账号、数据库账号、中间件账号等）。

备份：写明检修前所需备份的全部内容（路径＋文件名），内容较多时需要在检修方案中注明详细备份项。

验证：写明检修前需验证的全部内容，验证内容较多时，需在检修方案中注明详细验证项。

（13）备注：填写作业计划编号（指安全风险管控监督平台作业计划编号）。

（14）工作票签发：由工作票签发人确认工作必要性和安全性、工作票上所填安全措施正确完备、所派工作负责人和工作班人员适当、充足后签名，并填写签发时间和签发结果，工作票签发人和工作负责人进行确认签字。

（15）工作票许可：由工作许可人确认工作票所列的安全措施已实施，并填写许可开始工作时间和许可结果，工作许可人和工作负责人进行确认签字。

（16）现场交底：工作班成员确认工作负责人布置的工作任务、人员分工、安全措施和注意事项并签名，每个工作班成员在确认工作负责人布置的工作任务和相关安全措施完成后，在工作负责人所持工作票上签名，不得代签。

（17）工作票延期：若工作需要延期，工作负责人应在工期尚未结束以前向工作许可人提出延期申请，履行延期手续，由工作负责人向工作许可人提出申请，得到同意后给予办理。

（18）工作终结：

1）全部工作已结束，工作班人员应全部撤离工作地点，工作过程中产生的临时数据、临时账号等内容应删除，信息系统运行正常，现场已清扫、整理。工作负责人向工作许可人交待工作内容、发现的问题、验证结果和存在问题等，并会同工作许可人进行运行方式检查、状态确认和功能检查，确认无遗留物件后方可办理工作终结手续。

2）信息工作票终结后，工作许可人在工作终结栏加盖"已执行"章，工作负责人和工作许可人各自保存信息工作票。

3）工作终结时间不应超出计划工作时间或经批准的延期时间。

（19）备注：填写工作任务变动原因、工作负责人与临时指定工作负责人的交接手续、未执行工作票的原因及其他需要说明的事项。

8.2 信息工作任务单

8.2.1 信息工作任务单格式

信 息 工 作 任 务 单

编号：　　　　　　　　　　　　　　　　　　　　　　　　　　　　　　所属单位：

工作票填报						
工作负责人			班组名称			
工作班成员			工作班人数			
工作场所名称						
工作内容						
计划开始时间			计划结束时间			

涉及应用系统					
系统名称	分类	类型	应用网络	服务地址	运维单位

涉及软件及设备							
设备名称	分类	类型	所属网络	IP 地址/服务地址	运维责任人（单位）	安放地点	序列号

危险点分析	
安全措施	
备注	作业计划编号：

工作任务单签发		
签发时间		签发结果
工作票签发人签名		工作负责人签名

现场交底（工作班成员确认工作 负责人布置的工作任务、人员分工、安全措施和注意事项并签名）

工作开始	
工作开始时间	工作负责人签名

工作任务单延期		
工作延期至	工作负责人	工作票签发人

工作终结	
工作终结说明	全部工作已结束，工作班人员已全部撤离工作地点，工作过程中产生的临时数据、临时账号等内容已删除，信息系统运行正常，现场已清扫、整理

工作终结时间	
工作负责人签名	
备注	

8.2.2 信息工作任务单填写规范

（1）编号：工作票编号应连续且唯一，宜与 I6000 系统自动生成的编号保持一致。【单位简称】信息工作任务单－年月日＋序号。例：【封丘】信息工作任务单－20230209001。

（2）所属单位：指工作负责人所在的单位。

（3）工作负责人：指该项工作的负责人。

（4）班组名称：指参与工作的班组。

（5）工作班成员（不包括工作负责人）：应逐个填写参加工作的人员姓名。

（6）工作场所名称：指该项工作开展的场所，包括检修专区、机房、配电室等场所。

（7）工作内容：工作内容应清晰准确，不得使用模糊词语。

（8）计划开始时间、计划结束时间：填写工作计划开始、结束时间，应使用阿拉伯数字填写，包含年（四位）、月、日、时、分、秒（均为双位，24h 制），如 2023－02－01 00:00:00。

（9）涉及应用系统：填写工作涉及信息系统名称，可填写多个系统名称。

（10）涉及软件及设备：从 I6000 系统拓扑图关联带入或者从 CMDB 关联带入。

（11）危险点分析：逐条列举危险点及可能造成的影响或后果。

（12）安全措施：

授权：写明本次检修所授权使用的全部账号名（账号主要包括：运维工具账号、服务器账号、数据库账号、中间件账号等）。

备份：写明检修前所需备份的全部内容（路径＋文件名），内容较多时需要在检修方案中注明详细备份项。

验证：写明检修前需验证的全部内容，验证内容较多时，需在检修方案中注明详细验证项。

（13）备注：填写作业计划编号（指安全风险管控监督平台作业计划编号）。

（14）工作任务单签发：由工作负责人所在班组的班组长或主管领导确认工作必要性和安全性、工作任务单上所填安全措施正确完备、所派工作负责人和工作班人员适当、充足后签名。

（15）现场交底：工作班成员确认工作负责人布置的工作任务、人员分工、安全措施和注意事项并签名，每个工作班成员在确认工作负责人布置的工作任务和相关安全措施完成后，在工作负责人所持工作票上签名，不得代签。

（16）工作开始：由工作负责人填写工作实际开始时间，并签名。

（17）工作任务单延期：若工作需要延期，工作负责人应在工期尚未结束以前向工作票签发人提出延期申请，履行延期手续，由工作负责人向工作票签发人提出申请，得到同意后给予办理。

（18）工作终结：

1）全部工作已结束，工作班人员应全部撤离工作地点，工作过程中产生的临时数据、临时账号等内容应删除，信息系统运行正常，现场应清扫、整理。

2）工作票终结后，工作票签发人在工作终结栏加盖"已执行"章，工作负责人和工作票签发人各自保存工作票。

3）工作终结时间不应超出计划工作时间或经批准的延期时间。

（19）备注：填写工作任务变动原因、工作负责人与临时指定工作负责人的交接手续、未执行工作票的原因及其他需要说明的事项。

9. 工 作 票 样 例

样例 1　信息工作票（迁移内网汇聚交换机 VLAN 配置）

信 息 工 作 票

编号：【河南】信息工作票–20230106014　　　　　所属单位：国网河南省电力公司××供电公司

工作票填报					
工作负责人	赵×斌		班组名称	网络维护班组	
工作班成员	杨×锋、黄×梨、吴×桂		工作班人数	03	
工作场所名称	HA－HEQ12 机房				
工作内容	迁移 12 机房内网汇聚交换机下联 55 个 VLAN 配置至新增内网汇聚交换机				
计划开始时间	2023－01－07 00:00:00		计划结束时间	2023－01－07 01:00:00	

涉及应用系统					
系统名称	分类	类型	应用网络	服务地址	运维单位
营销基础数据	应用系统	应用系统	内网	http://192.168.2.2// default.jsp	国网河南省电力公司××供电公司

涉及软件及设备							
设备名称	分类	类型	所属网络	IP 地址/服务地址	运维责任人（单位）	安放地点	序列号
12 机房内网扩展万兆汇聚 1 号交换机	硬件资源	交换机	内网	192.168.2.20	国网河南省电力公司××供电公司	HA－HEQ12 机房	2102353 83610C3 000006

危险点分析	1. 检修操作人员超权限作业；2. 检修过程中误操作导致交换机配置无法恢复，造成网络异常；3. 未经验证导致未及时发现承载系统运行异常
安全措施	（1）授权： 运维审计系统账号：ywsj-1 12机房内网扩展万兆汇聚1号交换机管理员账号：aqmin。 （2）备份： 配置文件：12机房内网扩展万兆汇聚1号交换机相关配置文件。 （3）验证： 确认12机房内网扩展万兆汇聚1号交换机下联55个VLAN配置变更正常，相关联系统正常运行，运行方式与检修方案一致
备注	作业计划编号：KF-Z-2301060013Z

工作票签发			
签发时间	2023-01-05 10:15:48	签发结果	通过
工作票签发人签名	杨×莹	工作负责人签名	赵×斌

工作票许可			
许可开始工作时间	2023-01-07 00:02:00	许可结果	通过
工作许可人签名	胡×诃	工作负责人签名	赵×斌

现场交底（工作班成员确认工作 工作负责人布置的工作任务、人员分工、安全措施和注意事项并签名）
杨×锋　黄×梨　吴×桂

工作票延期		
工作延期至	工作负责人	工作许可人

工作终结			
工作终结说明	全部工作已结束，工作班人员已全部撤离工作地点，工作过程中产生的临时数据、临时账号等内容已删除，信息系统运行正常，现场已清扫、整理	已执行	
工作终结时间	2023-01-07 00:55:00		
工作负责人签名	赵×斌	工作许可人签名	胡×诃

备注	

注：表中的"已执行"章为红章。

样例2　信息工作任务单（信息电源UPS改造）

信 息 工 作 任 务 单

编号：【封丘】信息工作任务单-20230209001　　　　　　　　所属单位：国网××县供电公司

工作票填报			
工作负责人	路×飞	班组名称	信通运检班
工作班成员	王×军、付×巨	工作班人数	02
工作场所名称	3楼信息电源间		
工作内容	信息电源间2#UPS改造		
计划开始时间	2023-02-10 16:50:00	计划结束时间	2023-02-10 21:50:00

涉及应用系统					
系统名称	分类	类型	应用网络	服务地址	运维单位

涉及设备/软件							
设备名称	分类	类型	所属网络	IP 地址/服务地址	运维责任人（单位）	安放地点	序列号
HA-XX-FQ01 机房 2 号 UPS 系统	硬件资源	信息 UPS	未联网		国网××县供电公司	国网××县供电公司办公大楼	

危险点分析	1. 蓄电池搬运过程中有坠落伤人的风险；2. 蓄电池安装时存在被金属安装工器具短路风险；3. 设备加电时存在触电风险
安全措施	1. 蓄电池搬运安装时，专人指挥并佩戴防滑手套；2. 蓄电池安装工具需做绝缘处理；3. 设备加电时佩戴绝缘手套
备注	作业计划编号：XX-FQ-Z-2302090005Z

工作任务单签发			
签发时间	2023-02-09 09:31:00	签发结果	通过
工作票签发人签名	李×轩	工作负责人签名	路×飞

现场交底（工作班成员确认工作 负责人布置的工作任务、人员分工、安全措施和注意事项并签名）

王×军　　付×巨

工作开始			
工作开始时间	2023-02-10 16:51:44	工作负责人签名	路×飞

工作任务单延期		
工作延期至	工作负责人	工作票签发人

工作终结	
工作终结说明	全部工作已结束，工作班人员已全部撤离工作地点，工作过程中产生的临时数据、临时账号等内容已删除，信息系统运行正常，现场已清扫、整理
工作终结时间	2023-02-10 21:41:00　　　已执行
工作负责人签名	路×飞
备注	

注：表中的"已执行"章为红章。

电力通信工作票填用规范

1. 总　　则

1.1　为贯彻执行《国家电网公司电力安全工作规程（信息、电力通信、电力监控部分）（试行）》（国家电网安质〔2018〕396号）[简称《安规》（电力通信部分）]、《国网安监部关于规范工作票（作业票）管理工作的通知》（安监二〔2022〕37号）等要求，规范公司系统电力通信工作票的管理，特制定本规范。

1.2　本规范明确了电力通信工作票、现场勘察记录的填用、执行、统计与管理等全过程工作要求，并逐一编制了票面格式、填写规范和样例。

1.3　电力通信工作票的填写与使用应严格执行《安规》（电力通信部分）及本规范。

1.4　电力通信工作票是允许在电力通信系统及相关场所工作的书面命令，是落实安全组织措施、技术措施和安全责任的书面依据。

1.5　在电气设备上或生产区域内作业应实行安全"双准入"，作业的单位和人员应具备安全风险管控监督平台准入资质。

1.6　各单位应每年对工作票签发人、工作负责人、工作许可人考核审查和书面公布，并保证其满足《安规》（电力通信部分）中规定的基本条件，在各自职责范围内履行相应的工作票手续，承担相应安全职责。

1.7　一张电力通信工作票中，工作许可人与工作负责人不得互相兼任。

1.8　承、发包工程中，电力通信工作票应实行"双签发"。签发工作票时，双方工作票签发人在工作票上分别签名，各自承担相应的安全责任。外来单位工作票签发人对工作必要性和安全性、工作票上所填安全措施是否正确完备、所派工作负责人和工作班人员是否适当和充足负责；本单位工作票签发人对工作必要性和安全性、工作票上所填安全措施是否正确完备负责。

1.8.1　公司系统内的外来施工单位承接作业项目时，应向项目管理单位（部门）或设备运维管理单位提交本单位公布的工作票签发人、工作负责人名单的有效文件，经核准后在设备运维管理单位备案。设备运维管理单位应在备案人员名单内办理相应的工作票"双签发"和工作许可等手续。

1.8.2　公司系统外的施工单位承接作业项目时，项目管理单位（部门）应对其工作票签发人、工作负责人进行资质审核，经考试合格后报安全监督管理部门审查批复。设备运维管理单位应在批复人员名单范围内办理工作票"双签发"和工作许可等手续。

1.8.3　外来单位承接本单位作业项目时，一般情况下工作负责人宜由外来单位人员担任，特殊情况下可由项目管理单位（部门）或设备运维管理单位根据作业项目、人员状况及现场安全条件等情况协商指定。

1.9　在变（配）电站、发电厂、电力线路等场所的电力通信工作，执行《安规》（电力通信部分）和本规范相关要求，同时遵守《安规》变电、配电、线路等相应部分；信息专业和电力监控专业人员在电力通信场所从事各自专业工作，可执行《安规》的各自专业部分。

1.10 公司系统各单位、省管产业单位，外来单位在公司系统内工作时应遵照本规范执行。各级有关管理人员和从事调控、运维、检修、试验、施工等人员，应加强学习，熟悉本规范并严格执行。

1.11 本规范若有与上级规程和要求相抵触者，以上级要求为准。各单位可根据各自情况制定具体实施细则或补充规定。

2. 工作票的种类与使用

2.1 工作票的种类

（1）电力通信工作票。

（2）现场勘察记录。

2.2 工作票的使用

2.2.1 填用电力通信工作票的工作：

（1）国家电网公司总（分）部、省电力公司、地市供电公司、县供电公司本部和县供电公司以上电力调控（分）中心电力通信站的传输设备、调度交换设备、行政交换设备、通信路由器、通信电源、会议电视 MCU、频率同步设备的检修工作。

（2）国家电网公司总（分）部、省电力公司、地市供电公司、县供电公司本部和县供电公司以上电力调控（分）中心电力通信站内和出局独立电力通信光缆的检修工作。

（3）电力通信站通信网管升级、主（互）备切换的检修工作。

（4）变电站、发电厂等场所的通信传输设备、通信路由器、通信电源、站内通信光缆的检修工作。

（5）不随一次电力线路敷（架）设的骨干通信光缆检修工作。

2.2.2 不需填用电力通信工作票的通信工作，应使用其他书面记录或按口头、电话命令执行。

2.2.3 填用现场勘察记录的工作：

（1）随一次电力线路/电缆敷（架）设光缆的敷设、更换、故障消缺等作业。

（2）涉及登高、有限空间的不随一次电力线路/电缆敷（架）设光缆的敷设、更换、故障消缺等作业。

（3）无线专网、微波等电力通信铁塔、天馈线、微波设备安装和拆除的塔上作业。

（4）变电站、通信站高频开关电源、交直流配电屏、DC/DC 转换装置所在屏柜的整体更换、改造。

（5）在调度室、通信机房等二级动火区域开展动火作业。

（6）试验和推广新技术、新工艺、新设备、新材料的作业。

（7）工作票签发人或工作负责人认为有必要现场勘察的其他作业项目。

3. 一 般 规 定

3.1 电力通信工作票应使用统一的票面格式，采用计算机生成、打印或手工方式填写，使用 A4 或 A3 纸，采用手工填写时，应使用黑色或蓝色的钢（水）笔或圆珠笔填写与签发。工作票一式两份（或多份），内容填写应正确、清楚，不得任意涂改。

3.2 每份电力通信工作票签发方和许可方修改均不得超过两处，但工作时间、工作地点、设备名称（即设备名称或系统）、动词等不得改动。错、漏字修改应使用规范的符号，字迹应清楚。填写有错字时，更改方法为在写错的字上划水平线，接着写正确的字即可。审查时发现错字，将正确的字写到空白处圈起来，将写错的字也圈起来，再用线连接。漏字时将要增补的字圈起来连线至增补位置，并画"∧"符号。工作票不允许刮改。禁止用"……""同上"等省略填写。

3.3 在同一时间段内，工作负责人、工作班成员不得重复出现在不同的执行中的电力通信工作票上。

3.4 现场勘察由工作票签发人或工作负责人组织，并填写现场勘察记录。现场勘察后，现场勘察记录应送交工作票签发人、工作负责人及相关各方，作为填写、签发工作票等的依据。开工前，工作负责人或工作票签发人应重新核对现场勘察情况，发现与原勘察情况有变化时，应及时修正、完善相应的安全措施。

3.5 在工作期间，电力通信工作票应始终保留在工作负责人手中。

3.6 一个工作负责人不能同时执行多张电力通信工作票。

3.7 使用电力通信工作票时，一份应保存在工作地点，由工作负责人收执，另一份由通信工作许可人收执；进入变电站、发电厂等场所开展的工作，应增持一份工作票，由电气工作许可人收执。

3.8 一张电力通信工作票中，工作许可人和工作负责人不得互相兼任。

3.9 进入变电站、发电厂等场所开展通信传输设备、通信路由器、通信电源、站内通信光缆的检修工作，应办理电力通信工作票。电力通信工作票包含电气和通信双安全措施、双许可手续、双终结手续，电气工作许可人、通信工作许可人分别为自己许可的安全措施负责；不进入变电站、发电厂等场所办理的电力通信工作票，电气专业无需履行许可手续。

3.10 涉及高压设备停电的通信检修工作，按照变（配）电专业相关要求执行。

4. 填 写 与 签 发

4.1 电力通信工作票由电力通信运维单位（部门）签发，也可由经电力通信运维单位（部门）审核批准的检修单位签发。

4.2 电力通信工作票由工作负责人填写，也可由工作票签发人填写。工作票上所列的签名项，应采用人工签名或电子签名。

4.3 电力通信工作票应由工作票签发人审核无误后，手工或电子签名后方可执行。已签发的工作票，未经签发人同意，不得擅自修改。

4.4 工作票的编号：工作票编号应连续且唯一，由通信专业许可单位按工作票顺序编号。编号应包含地区（单位）、工作班组、年月和顺序号四部分。年使用四位数字，月使用两位数字，顺序号使用四位数字。例如驻马店通信运检二班 2023 年 2 月第 1 份工作票编号为：驻马店 – 通信运检二班 – 202302 – 0001。

4.5 单位：指工作负责人所在的部门或单位名称，例如：电力调度控制中心。外来单位应填写单位全称。

4.6 作业计划编号：指安全风险管控监督平台作业计划编号，填写在工作票备注栏。

4.7 工作负责人：指该项工作的负责人。

4.8 班组名称：指参与工作的班组，多班组工作应填写全部工作班组。

4.9 工作班人员（不包括工作负责人）：指参加工作的工作班人员、厂方人员和临时用工等全部工作人员，工作班人员应逐个填写姓名。

4.10 计划工作时间：以批准的检修期为限填写。

4.11 工作票上的时间应用阿拉伯数字填写，年使用四位数字，月、日、时、分使用双位数字和 24h 制，如 2023 年 02 月 03 日 17 时 35 分。

5. 许 可 与 执 行

5.1 电力通信工作票应在工作前送达工作许可人，可直接送达或通过传真、局域网、TMS 通信管理系统传送，但传真传送的工作票许可手续应待正式工作票到达后履行。

5.2 工作许可人收到电力通信工作票后，应及时审查其安全措施是否完备、是否符合现场条件和《安规》（电力通信部分）规定。经审查不合格者，应将工作票退回。

5.3 电力通信工作票有污损不能继续使用时，应办理新的电力通信工作票。

5.4 工作负责人应始终在工作现场。

5.5 电力通信工作票可采取当面许可或电话许可。

5.5.1　当面许可。电气专业工作许可人完成现场安全措施后，会同工作负责人到现场再次检查所做的安全措施，对具体的设备指明实际的隔离措施，对工作负责人指明带电设备的位置和注意事项。电气专业工作许可人和工作负责人在电力通信工作票上记录许可时间，并分别签名，履行工作票许可手续。通信专业工作许可人和工作负责人应在电力通信工作票上记录许可时间，并分别签名。

5.5.2　电话许可。电话许可应做好录音，采取电话许可的工作票，工作所需安全措施可由工作人员自行布置，安全措施布置完成后应分别汇报电气、通信专业工作许可人。电气、通信专业工作许可人和工作负责人应分别在电力通信工作票上记录许可时间和双方姓名，复诵核对无误。

5.5.3　电气工作许可人所执的电力通信工作票无需记录通信专业许可手续；通信工作许可人所执的电力通信工作票无需记录电气专业许可手续。

5.6　现场交底，工作班成员确认工作负责人布置的工作任务、人员分工、现场布置的安全措施和工作的危险点及防范措施后，每个工作班成员在工作负责人所持工作票上签名，不得代签。

5.7　检修工作需其他调度机构或运行单位配合布置安全措施时，工作许可人应向该调度机构或运行单位的值班人员确认相关安全措施已完成后，方可许可工作。

5.8　填用电力通信工作票的工作，工作负责人应得到工作许可人的许可，并确认电力通信工作票所列的安全措施全部完成后，方可开始工作。许可手续（工作许可人姓名、许可方式、许可时间等）应记录在电力通信工作票上。

5.9　工作期间，工作负责人若因故暂时离开工作现场时，应指定能胜任的人员临时代替，交待现场工作情况，告知工作班成员。原工作负责人返回工作现场时，应履行同样的交接手续，并在工作票备注栏注明。

5.10　需要变更工作班成员时，应经工作负责人同意，在对新的作业人员履行安全交底手续后，方可参与工作。工作负责人一般不得变更，如确需变更的，应由原工作票签发人同意并通知工作许可人。原工作负责人、现工作负责人应对工作任务和安全措施进行交接，并告知全体工作班成员。人员变动情况应记录在电力通信工作票备注栏中。

5.11　在电力通信工作票的安全措施范围内增加工作任务时，在确定不影响系统运行方式和业务运行的情况下，应由工作负责人征得工作票签发人和工作许可人同意，并在电力通信工作票上增加工作任务。若需变更或增设安全措施者，应办理新的电力通信工作票。

6. 延 期 与 终 结

6.1　办理电力通信工作票延期手续，应在电力通信工作票的有效期内，由工作负责人向通信、电气工作许可人提出申请，得到同意后给予办理。电力通信工作票只能延期一次，若延期后工作仍未完成，应终结工作票或重新办理新的工作票。

6.2 工作结束。全部工作完毕后，工作人员应删除工作过程中产生的临时数据、临时账号等内容，并确认电力通信系统运行正常，清扫、整理现场，全体工作人员撤离工作地点。

6.3 电力通信工作票终结。工作结束后，工作负责人应向工作许可人交待工作内容、发现的问题和存在问题等。并与工作许可人进行运行方式检查、状态确认和功能检查，各项检查均正常方可办理工作终结手续。

6.4 工作票终结应按以下方式进行。

6.4.1 当面报告。工作完毕后，工作班应清扫、整理现场。工作负责人应先全面检查，待全体作业人员撤离工作地点后，再与电气专业运维人员共同检查设备状况、状态，有无遗留物件，是否清洁等，然后在工作票上填明工作结束时间，经双方签名后，表示工作终结。通信专业工作许可人和工作负责人应在电力通信工作票上记录终结时间，并分别签名。

6.4.2 电话报告。工作负责人应在工作结束后，拆除工作人员自行布置的安全措施，检查现场确无遗留物件，现场恢复至工作前状态，电话告知工作许可人，在得到工作许可人的认可后，方可离开工作现场，工作许可人和工作负责人应分别记录终结时间和双方姓名，复诵核对无误，并录音。

6.4.3 电气工作许可人所执的电力通信工作票无需记录通信专业终结手续；通信工作许可人所执的电力通信工作票无需记录电气专业终结手续。

6.5 需其他调度机构或运行单位配合布置安全措施的工作，工作许可人应与配合检修的调度机构或运行单位值班人员确认后，方可办理工作终结手续。

6.6 完成工作票终结手续后，通信专业工作许可人应在工作负责人所持工作票终结栏内加盖"已执行"章，填写相关记录并保存。

7. 统 计 与 管 理

7.1 各单位应定期统计分析工作票填写和执行情况，对发现的问题及时制定整改措施。

7.2 通信调度值班人员应在交班前对本值电力通信工作票执行情况进行检查。

7.3 运维单位班组班长（主管）和班组安全员每月对所执行的工作票进行整理汇总，按编号统计、分析。

7.4 二级机构管理人员至少每季度对已执行的电力通信工作票进行检查并填写检查意见。

7.5 地市公司级单位、县公司级单位安监部门每半年至少抽查调阅一次工作票。

7.6 有下列情况之一者统计为不合格工作票。

（1）工作票未按规定编号，工作票遗失、缺号，已执行的工作票重号。

（2）作业计划编号未填写或填写错误，与安全风险管控监督平台不一致。

（3）工作成员姓名、人数未按规定填写。

（4）工作班人员总数与签字总数不符且未注明原因。

（5）工作任务不明确。

（6）所列安全措施与现场实际或工作任务不符。

（7）工作票项目填错或漏填。

（8）字迹不清，对所用动词、设备编号涂改，或一份工作票涂改超过两处。

（9）工作班人员、工作许可人、工作负责人、工作票签发人未按规定签名。

（10）工作延期未办延期手续，工作负责人、工作班成员变更未按照规定履行手续。

（11）工作许可、工作终结未按规定办理手续。

（12）工作票签发时间晚于计划开始时间的，许可时间早于计划开始时间的，终结时间晚于计划结束时间且未办理延期的。

（13）未按规定加盖"已执行"印章，未按规定标注"已作废"字样。

（14）未列入上述标准的其他违反《安规》和上级有关规定的。

7.7 工作票合格率的统计方法

合格率＝（已执行的总票数－不合格的总票数）/（已执行的总票数）×100%。

7.8 已执行的工作票至少应保存 1 年。

8. 工作票填写规范

8.1 电力通信工作票

8.1.1 电气第二种工作票（通信工作用）格式

电气第二种工作票（通信工作用）

单位：＿＿＿＿＿＿＿＿＿＿＿＿＿＿＿＿＿ 编号：＿＿＿＿＿＿＿＿＿＿

1. 班组名称：＿＿＿＿＿＿＿＿＿＿＿＿＿＿＿＿ 工作负责人：＿＿＿＿＿＿＿＿＿＿

2. 工作班人员（不包括工作负责人）：＿＿＿＿＿＿＿＿＿＿＿＿＿＿＿＿＿＿＿＿＿

＿＿＿＿＿＿＿＿＿＿＿＿＿＿＿＿＿＿＿＿＿＿＿＿＿＿＿＿＿ 共＿＿＿人

3. 工作场所：＿＿＿＿＿＿＿＿＿＿＿＿＿＿＿＿＿＿＿＿＿＿＿＿＿＿＿＿＿＿＿＿

4. 工作任务：

工作地点及设备名称	工作内容

5. 计划工作时间：

自_____年____月___日____时___分至_____年___月___日___时___分

6. 安全措施：

6.1 电气安全措施：

_____

_____

_____

6.2 通信安全措施：

_____

_____

_____

工作票签发人签名：_____年___月___日___时___分

工作票负责人签名：_____年___月___日___时___分

7. 现场补充安全措施（工作许可人填写）：

_____

_____

_____

8. 工作许可：

8.1 工作许可（电气专业确认 1～6.1 项的内容，7 项中由其补充的内容）：

许可开始工作时间：_____年___月___日___时___分

工作负责人签名：_____ 工作许可人签名：_____

8.2 工作许可（通信专业确认 1～5、6.2 项的内容，7 项中由其补充的内容）：

许可开始工作时间：_____年___月___日___时___分

工作负责人签名：_____ 工作许可人签名：_____

9. 现场交底，工作班成员确认工作负责人布置的工作任务、人员分工、安全措施和注意事项并签名：

_____

_____

_____

10. 工作票延期：

工作延期至		工作负责人	通信工作许可人	电气工作许可人
年 月 日 时 分				

11. 工作终结：

全部工作已结束，工作过程中产生的临时数据、临时账号等内容已删除，电力通信系统运行正常，现场已清扫、整理，工作班人员已全部撤离工作地点。

11.1 工作终结（电气专业）：

终结工作时间：_____年___月___日___时___分

工作负责人签名：_____ 工作许可人签名：_____

11.2 工作终结（通信专业）：

终结工作时间：_____年___月___日___时___分

工作负责人签名：_____ 工作许可人签名：_____

12. 备注

作业计划编号：_____

8.1.2 电力通信工作票填写规范

单位：① 指工作负责人所在的部门或单位名称，例如：电力调度控制中心。② 外

96

来单位应填写单位全称。

编号：工作票编号应连续且唯一，由通信专业许可单位按工作票顺序编号。编号应包含地区（单位）、工作班组、年（四位）月（两位）和顺序号（四位）四部分。例如驻马店通信运检二班 2023 年 2 月第 1 份工作票编号为：驻马店－通信运检二班－202302－0001。

（1）班组名称：指参与工作的班组，若多班组协同工作，应填写全部工作班组。

工作负责人：指该项工作的负责人。

（2）工作班人员（不包括工作负责人）：应逐个填写参加工作的人员姓名。

（3）工作场所：独立通信机房、变（配）电站应写明全称。在独立通信机房工作，填写机房名称，如：地调大楼通信电源机房；在变（配）电站的机房工作，填写机房名称，如：110kV 莫庄变电站主控室（保护间）；设备双重编号前冠电压等级，设备运行编号含有电压等级者不再填写电压等级。如：110kV 靖莫线引场光缆。

（4）工作任务：

工作地点及设备名称：应逐项填写本次检修的工作地点及被检修设备，填写的设备名称应与现场相符。工作地点是指工作的区域。没有具体设备名称或系统的设备，应表述清楚、简洁准确。

工作内容：工作内容应填写明确，术语规范。应将所有工作内容填全，不得省略。

例如：110kV 莫庄变电站主控室（保护间）中兴光传输设备风扇除尘、光纤配线架备用纤芯衰耗测试。

工作地点及设备名称	工作内容
主控室（保护间）：（检修设备屏柜名称）中兴光传输设备	风扇除尘
主控室（保护间）：（检修设备屏柜名称）光纤配线架	备用纤芯衰耗测试

（5）计划工作时间：以批准的检修期为限填写，时间应用阿拉伯数字填写，包含年（四位），月、日、时、分（均为双位，24h 制）。

（6）安全措施：根据工作任务、工作条件和作业方式填写相应的安全和技术措施。

1）电气安全措施：根据工作任务、工作条件和运维范围，涉及电气专业的，填写相应的安全技术措施，设置遮栏或标示牌。需要保持安全距离的，应注明电压等级及设备不停电时的安全距离。

2）通信安全措施：根据工作任务、工作条件和运维范围，填写相应的安全技术措施。需授权的，在工作前，应对通信网管系统操作人员进行身份鉴别和授权。需验证的，在检修前，应确认与检修对象具有主备（冗余）关系的另一系统、通道、电源、板卡等运行正常。

3）工作票签发人签名：由工作票签发人确认工作必要性和安全性、工作票上所填安全措施正确完备、所派工作负责人和工作班人员适当、充足后，在对应位置签名并填写签发时间。工作负责人签名：工作负责人进行确认签字。

（7）现场补充安全措施（许可人填写）：工作许可人根据工作任务和现场条件，补充和完善安全措施或注意事项内容。无补充内容时填"无"。

（8）工作许可：根据专业和运维范围，由电气专业和通信专业分别签字许可。不进入变电站、发电厂等场所办理的电力通信工作票，电气专业无需履行许可手续。工作许可人根据现场实际情况确定电话或当面许可方式。

当面许可：① 电气工作许可人完成现场安全措施后，会同工作负责人确认本工作票1-6.1项内容无误，并现场检查核对所列安全措施完备，向工作负责人指明带电设备的位置和注意事项。双方共同签名并记录时间，履行工作票许可手续。② 通信专业工作许可人确认本工作票1-5、6.2项内容无误，并检查核对所列安全措施完备，向工作负责人指明业务影响范围和注意事项。双方共同签名并记录时间，履行工作票许可手续。

电话许可：电话许可应做好录音，采取电话许可的工作票，工作所需安全措施可由工作人员自行布置，安全措施布置完成后应分别汇报电气、通信专业工作许可人。电气、通信专业工作许可人和工作负责人应分别在电力通信工作票上记录许可时间和双方姓名，复诵核对无误。

（9）现场交底：工作班成员确认工作负责人布置的工作任务、人员分工、安全措施和注意事项并签名，每个工作班成员在确认工作负责人布置的工作任务和相关安全措施完成后，在工作负责人所持工作票上签名，不得代签。

（10）工作票延期：若工作需要延期，工作负责人应在工期尚未结束前向工作许可人提出延期申请，履行延期手续。工作票只能延期一次，若延期后工作仍未完成，应终结工作票或重新办理新的工作票。进入变电站、发电厂等场所办理的电力通信工作票，通信工作许可人、电气工作许可人分别签名。

（11）工作终结：工作负责人向工作许可人交待工作内容、工作结果和遗留问题等，与工作许可人共同确认设备状况、状态，有无遗留物件，现场是否清洁，工作过程中产生的临时数据、临时账号等内容是否删除等。验收合格后，填明工作终结时间，经双方签名，完成工作票终结手续，双方各自保存。进入变电站、发电厂等场所办理的电力通信工作票，工作负责人应会同电气专业工作许可人办理相应电气工作终结手续。

（12）备注：填写作业计划编号（指安全风险管控监督平台作业计划编号）、工作任务变动原因、工作负责人与临时指定工作负责人的交接手续、工作班成员变更以及其他需要说明的事项。

8.2 现场勘察记录

8.2.1 现场勘察记录格式

现 场 勘 察 记 录

编号_____

勘察单位_____ 部门_____

勘察负责人_____勘察人员（签字）_____

勘察对象名称（位置）：_____

工作任务［工作地点（地段）以及工作内容］：_____

_____

作业风险等级：_____

经运维值班人员_____同意___月___日 ____时____分进入运维站进行现场勘察

现场勘察内容：

1. 作业影响范围：
2. 作业现场的条件、环境及其他风险点：
3. 应采取的安全措施：

记录人：_____ 勘察日期：_____年___月___日____时___分至___月___日___时___分

8.2.2 现场勘察记录填写规范

（1）编号：编号应连续且唯一，不得重号。编号共由四部分组成，含特指字、年（四位）、月（两位）和顺序号（四位）。由各使用单位统一规范，可用变电站、也可用线路或其他惯用特指字。

（2）勘察单位：指勘察负责人所在的单位。外来单位应填写单位全称。

（3）部门：勘察负责人所在的部门。多部门参加，应填写全部参加部门。

（4）勘察负责人：指组织该项勘察工作的负责人。

（5）勘察人员（签字）：应逐个填写参加勘察的人员姓名。

（6）勘察对象名称（位置）：勘察的对象或勘察的位置。

（7）工作任务［工作地点（地段）以及工作内容］：填写开展勘察工作的工作地点（地段）以及工作内容。如：500kV 春申变电站通信机房、通信蓄电池室、380 站用配电间，对 1 号、2 号高频开关电源进行更换前勘察。

（8）作业风险等级：填写本次勘察时的作业项目风险等级。

（9）经运维值班人员同意，进入运维站进行现场勘察：运维值班人员签字同意，并注明时间。

（10）现场勘察内容：由记录人根据勘察内容进行填写。现场勘察时，应仔细核对检修设备台账，核查设备运行状况及存在缺陷，梳理技改大修、隐患治理等任务要求，分析现场作业风险及预控措施，并对作业风险分级的准确性进行复核。

作业影响范围：根据工作任务，填写作业时影响的业务或设备范围。

作业现场的条件、环境及其他风险点：填写影响作业安全的天气、环境、电缆沟道、道路、登高作业等风险因素。

应采取的安全措施：根据上述工作地点作业现场的条件、环境及其他危险点采取的针对性措施；根据确定的作业风险等级采取的管控措施等。

（11）记录人及勘察日期：记录人必须是参加现场勘察的人员。完成现场勘察后，由记录人填写勘察开始至结束时间并告知运维值班负责人。

9. 工 作 票 样 例

9.1 电力通信工作票样例

电气第二种工作票（通信工作用）

单位：<u>电力调度控制中心</u>　　　　　　　　　编号：<u>驻马店–通信运检二班–202302–0001</u>

1. 班组名称：<u>通信运检二班</u>　　　　工作负责人：　<u>高×峰</u>

2. 工作班人员 （不包括工作负责人）：<u>宋×宝、李×飞</u>
<u>　　　　　　　　　　　　　　　　　　　　　　　共　02　人</u>

3. 工作场所：<u>110kV 界牌变电站保护间</u>

4. 工作任务：

工作地点及设备名称	工作内容
保护间：地网烽火 PTN 屏、光纤配线屏	开通地网烽火 PTN 设备界牌站至北郊站 GE 光方向
保护间：光纤配线屏	备用纤芯衰耗测试

5. 计划工作时间：

自 <u>2023</u> 年 <u>02</u> 月 <u>03</u> 日 <u>09</u> 时 <u>00</u> 分至 <u>2023</u> 年 <u>02</u> 月 <u>03</u> 日 <u>18</u> 时 <u>00</u> 分

6. 安全措施：

6.1 电气安全措施：

<u>（1）认清设备位置，防止误碰其他运行中的设备；（2）在地网烽火 PTN 屏、光纤配线屏上挂"在此工作！"标示牌；（3）在地网烽火 PTN 屏、光纤配线屏相邻屏界 2#主变测控屏、调度数据专网屏上挂"运行设备"标示牌；（4）做好安全监护。</u>

6.2 通信安全措施：

<u>（1）工作前，确认与检修对象相关系统运行正常；（2）工作前，确认需转移的业务已完成转移，与检修对象关联的检修工作已完成；（3）工作前，确认与检修对象具有主备（冗余）关系的另一系统、通道、电源、板卡等运行正常；（4）尾纤连接有源设备时不得将尾纤连接头、光纤配线端口正对眼睛，防止激光对人眼造成伤害。</u>

工作票签发人签名：　<u>潘×巍</u>　　<u>2023</u> 年 <u>02</u> 月 <u>03</u> 日 <u>08</u> 时 <u>30</u> 分

工作票负责人签名：　<u>高×峰</u>　　<u>2023</u> 年 <u>02</u> 月 <u>03</u> 日 <u>08</u> 时 <u>40</u> 分

7. 现场补充安全措施（工作许可人填写）：

<u>（1）禁止工作人员擅自移动或拆除标示牌；（2）用 OTDR 进行纤芯测试前，应确认对端纤芯没有连接任何设备和仪表后，</u>

方可进行纤芯测试操作。

8. 工作许可：

8.1 工作许可（电气专业确认1—6.1项的内容，7项中由其补充的内容）：

许可开始工作时间： 2023 年 02 月 03 日 10 时 00 分

工作负责人签名： 高×峰 工作许可人签名： 李×红

8.2 工作许可（通信专业确认1—5、6.2项的内容，7项中由其补充的内容）：

许可开始工作时间： 2023 年 02 月 03 日 09 时 30 分

工作负责人签名： 高×峰 工作许可人签名： 施×晶

9. 现场交底，工作班成员确认工作负责人布置的工作任务、人员分工、安全措施和注意事项并签名：

宋×宝 李×飞

10. 工作票延期：

工作延期至	工作负责人	通信工作许可人	电气工作许可人
年 月 日 时 分			

11. 工作终结：

全部工作已结束，工作过程中产生的临时数据、临时账号等内容已删除，电力通信系统运行正常，现场已清扫、整理，工作班人员已全部撤离工作地点。

11.1 工作终结（电气专业）：

终结工作时间： 2023 年 02 月 03 日 15 时 30 分

工作负责人签名： 高×峰 工作许可人签名： 李×红

11.2 工作终结（通信专业）：

终结工作时间： 2023 年 02 月 03 日 15 时 00 分

工作负责人签名： 高×峰 工作许可人签名： 施×晶

12. 备注

作业计划编号：ZMD−Z−2302020001Z

已执行

注："已执行"章为红章。

9.2 现场勘察记录样例

现 场 勘 察 记 录

编号 省信通−202302−0001

勘察单位 国网河南省电力公司信息通信分公司 部门 通信运检中心

勘察负责人 郑×升 勘察人员（签字） 宋×腾、朱×强

勘察对象名称（位置）：500kV 春申变电站：通信机房1号高频开关电源屏、1号直流分配屏、2号高频开关电源屏、2号直流分配屏；通信蓄电池室蓄电池组1#、蓄电池组2#； 380站用配电间I段7柜第8回路、II段8柜第8回路、I段9柜第2回路、II段10柜第2回路。

工作任务［工作地点（地段）以及工作内容］：500kV 春申变通信机房、通信蓄电池室、380站用配电间，对1号、2号高频开关电源进行更换前勘察。

作业风险等级： 三级

经运维值班人员 李×文 同意 02 月 07 日 10 时 10 分进入运维站进行现场勘察

现场勘察内容：

1. 作业影响范围： 无

2. 作业现场的条件、环境及其他风险点： （1）现场安全措施不完备；（2）未认真核对图纸和设备标识，造成误操作；（3）误碰带电部位，造成人身触电；（4）误碰电源开关，造成设备供电电源中断；（5）误接线，造成设备损坏；（6）电源极间短路；（7）接线接触不良，导致缆线接头处发热。

3. 应采取的安全措施： （1）按工作票做好安全措施，明确作业地点与带电部位。（2）操作前认真核对图纸和设备标识，按要求有序操作送电，作业时加强监护。（3）拆接负载电缆前，应断开电源的输出开关，对工器具做绝缘处理，人身做好防护措施，谨慎操作，防止误碰带电部位。（4）关闭某一路空开前，仔细核对资料，确认无误后方可操作，谨慎操作，防止误碰其他空气开关。（5）接线前认真核对图纸和设备标识，电缆接线前，应校验线缆两端极性，仔细核对接线标示，按说明书要求有序操作送电。（6）对工器具和缆线头进行绝缘处理。（7）使用合适的工具紧固，对接线情况进行复查，对接线端子进行测温。

记录人：　郑×升　　　　勘察日期：　2023　年　02　月　07　日　10　时　10　分至　02　月　07　日　12　时　40　分

电力监控工作票填用规范

1. 总　　则

1.1　为贯彻执行《国家电网公司电力安全工作规程（信息、电力通信、电力监控部分）（试行）》（国家电网安质〔2018〕396 号）[简称《安规》（电力监控部分）]、《国网河南省电力公司关于印发电力监控工作执行〈国家电网公司安全工作规程〉（电力监控部分）实施意见（试行）的通知》（豫电安监〔2019〕42 号）等要求，规范公司系统电力监控工作票的管理，特制定本规范。

1.2　本规范明确了电力监控工作票的填用、执行、统计与管理等全过程工作要求，并逐一编制了票面格式、填写规范和样例。

1.3　电力监控工作票的填写与使用应严格执行《安规》（电力监控部分）及本规范。

1.4　电力监控工作票是允许在电力监控系统及相关场所工作的书面命令，是落实安全组织措施、技术措施和安全责任的书面依据。

1.5　在电力监控系统及相关场所作业应实行安全"双准入"，作业的单位和人员应具备安全风险管控监督平台准入资质。

1.6　各单位应每年对工作票签发人、工作负责人考核审查和书面公布，并保证其满足《安规》（电力监控部分）中规定的基本条件，在各自职责范围内履行相应的工作票手续，承担相应安全职责。

1.7　一张电力监控工作票中，工作票签发人与工作负责人不得互相兼任。

1.8　承、发包工程，由检修、施工单位人员担任工作负责人的，电力监控工作票应由电力监控系统运维单位（部门）和检修、施工单位有权签发的人员实行"双签发"，检修、施工单位工作票签发人应在运维单位工作票签发人名字后面追加签名，各自承担相应的安全责任。

1.9　外来施工单位承接作业项目时，应在签订保密协议后，方可参加工作。

1.10　在变（配）电站、发电厂等场所的电力监控系统工作，执行《安规》（电力监控部分）和本规范相关要求，应同时遵守《安规》变电、配电等相应部分；电力通信和信息专业人员在电力监控系统相关场所从事各自专业工作，可执行《安规》的各自专业部分。

1.11　公司系统各单位、省管产业单位，外来单位在公司系统内工作时应遵照本规范执行。各级有关管理人员和从事调控、运维、检修、试验、施工、计量等人员，应加强学习，熟悉本规范并严格执行。

1.12　本规范若有与上级规程和要求相抵触者，以上级要求为准。各单位可根据各自情况制定具体实施细则或补充规定。

2. 工作票的种类与使用

2.1 工作票的种类

电力监控工作票。

2.2 工作票的使用

2.2.1 填用电力监控工作票的工作：

（1）电力监控主站系统软硬件安装调试、更新升级、退出运行、故障处理、设备消缺、配置变更，数据库迁移、表结构变更、传动试验、AGC/AVC（自动发电控制/自动电压控制）试验等工作。

（2）电力监控子站系统软硬件安装调试、更新升级、退出运行、故障处理、设备消缺、配置变更、数据库迁移、表结构变更、监控信息联调、传动试验、设备定检等工作。

2.2.2 不需填用电力监控工作票的工作，应使用其他书面记录或按口头、电话命令执行。

3. 一 般 规 定

3.1 电力监控工作票应使用统一的票面格式，采用计算机生成、打印或手工方式填写，使用 A4 或 A3 纸。采用手工填写时，应使用黑色或蓝色的钢（水）笔或圆珠笔填写与签发。工作票一式两份（或多份），内容填写应正确、清楚，不得任意涂改。

3.2 每份电力监控工作票签发方和电气专业许可方修改不得超过两处，但工作时间、工作地点、设备名称（即设备和系统名称）、动词等不得改动。错、漏字修改应使用规范的符号，字迹应清楚。填写有错字时，更改方法为在写错的字上划水平线，接着写正确的字即可。审查时发现错字，将正确的字写到空白处圈起来，将写错的字也圈起来，再用线连接。漏字时将要增补的字圈起来连线至增补位置，并画"∧"符号。工作票不允许刮改。禁止用"……""同上"等省略填写。

3.3 在同一时间段内，工作负责人、工作班成员不得重复出现在不同的执行中的电力监控工作票上。一个工作负责人不能同时执行多张电力监控工作票。

3.4 在工作期间，电力监控工作票应始终保留在工作负责人手中。

3.5 电力监控工作票一份由工作负责人收执，另一份由工作票签发人收执。进入变（配）电站、发电厂等场所的电力监控工作，应增持一份工作票，由电气工作许可人收执。

3.6 电力监控系统故障抢修时，工作票可不经工作票签发人书面签发，但应经工作票签发人同意，并在工作票备注栏中注明。

3.7 进入变（配）电站、发电厂等场所开展本部分 2.2.1 条所列工作，办理的电力监控工作票，应包含电气和电力监控双安全措施、电气许可手续、双终结手续，电气工作许可人、工作票签发人分别为对应的安全措施负责；不进入变（配）电站、发电厂等场所办理的电力监控工作票，电气专业无需履行许可手续。

4. 填 写 与 签 发

4.1 电力监控工作票由电力监控系统运维单位（部门）签发，也可由经电力监控系统运维单位（部门）审核批准的检修单位签发。

4.2 电力监控工作票由工作负责人填写，也可由工作票签发人填写。工作票上所列的签名项，应采用人工签名或电子签名。

4.3 电力监控工作票应由工作票签发人审核无误后，手工或电子签名后方可执行。已签发的工作票，未经签发人同意，不得擅自修改。

4.4 工作票的编号：工作票编号应连续且唯一，由签发单位编号。编号应包含工作场所特指字、年、月和顺序号。年使用四位数字，月使用两位数字，顺序号使用三位数字。例如房城变 2023 年 1 月第 1 份工作票编号为：房 2023 - 01 - 001。

4.5 单位：指工作负责人所在的部门或单位名称，例如：电力调度控制中心。外来单位应填写单位全称。

4.6 作业计划编号：指安全风险管控监督平台作业计划编号，填写在工作票备注栏。

4.7 工作负责人：指该项工作的负责人。

4.8 班组：指参与工作的班组，多班组工作应填写全部工作班组。

4.9 工作班人员（不包括工作负责人）：指参加工作的工作班人员、厂方人员和临时用工等全部工作人员，工作班人员应逐个填写姓名。

4.10 工作票上的时间应用阿拉伯数字填写，年使用四位数字，月、日、时、分使用双位数字和 24h 制，如 2023 年 01 月 25 日 16 时 06 分。

4.11 计划工作时间：以批准的检修期为限填写。

5. 许 可 与 执 行

5.1 进入变（配）电站、发电厂等场所的工作，电力监控工作票应在工作前送达电气工作许可人，可直接送达或使用其他方式传送，但传送的工作票许可手续应待正式工作票到达后履行。

5.2 电气工作许可人收到电力监控工作票后，应及时审查其电气安全措施是否完备、是否符合现场条件和《安规》（电力监控部分）规定。经审查不合格者，应将工作票退回。

5.3 电力监控工作票有污损不能继续使用时，应办理新的电力监控工作票。

5.4 工作负责人应始终在工作现场。

5.5 进入变（配）电站、发电厂等场所的工作，电力监控工作票增加电气专业许可手续，采取当面许可或电话许可。

5.5.1 当面许可。电气工作许可人在完成现场电气安全措施后，应会同工作负责人到现场再次检查所做的电气安全措施，对具体的设备指明实际的隔离措施。电气工作许可人和工作负责人在电力监控工作票上分别确认、签名。

5.5.2 电话许可。电话许可应做好录音，采取电话许可的工作票，工作所需安全措施可由工作人员自行布置，电气安全措施布置完成后应汇报电气工作许可人。电气工作许可人和工作负责人应分别在电力监控工作票上记录许可时间和双方姓名，复诵核对无误。

5.5.3 工作票签发人所执的电力监控工作票无需记录电气许可手续。

5.6 现场交底应确认工作负责人布置的工作任务和安全措施，工作负责人向工作班成员交待工作内容、人员分工、现场布置的安全措施和工作的风险点及控制措施后，每个工作班成员在工作负责人所持工作票上签名，不得代签。

5.7 进入变（配）电站、发电厂等场所的工作，工作负责人应得到电气工作许可人的许可，确认电力监控工作票所列的电气安全措施全部完成后，方可开始工作。

5.8 工作期间，工作负责人若因故暂时离开工作现场时，应指定能胜任的人员临时代替，交待现场工作情况，告知工作班成员。原工作负责人返回工作现场时，应履行同样的交接手续，并在工作票备注栏注明。

5.9 需要变更工作班成员时，应经工作负责人同意，在对新的作业人员履行安全交底手续后，方可参与工作。非特殊情况不得变更工作负责人，如确需变更负责人应由工作票签发人同意。工作负责人允许变更一次。原、现工作负责人应对工作任务和安全措施进行交接。人员变动情况记录在电力监控工作票备注栏中。

5.10 在电力监控工作票的安全措施范围内增加工作任务时，应征得工作票签发人同意，并在工作票上增加工作任务。若需变更或增设安全措施者，应填用新的工作票。

6. 延 期 与 终 结

6.1 若工作需要延期，工作负责人应在工期尚未结束以前向工作票签发人、电气工作许可人［进入变（配）电站、发电厂等场所的工作］提出延期申请，得到工作票签发人、电气工作许可人同意后履行延期手续。电力监控工作票只能延期一次,原则上延期时间不超过 2 天。若延期后工作仍未完成,应终结工作票或重新办理新的工作票。

6.2 工作完成后,工作班应删除工作过程中产生的临时数据、临时账号等内容,确认电力监控系统运行正常,清扫、整理现场,全体工作班人员撤离工作地点。

6.3 工作负责人应向工作票签发人交待工作内容、发现的问题、验证结果和存在的问题等,确认无遗留物件后方可办理工作终结手续。进入变(配)电站、发电厂等场所的电力监控工作,工作负责人应会同电气工作许可人办理相应电气工作终结手续。

6.4 工作票终结应按以下方式进行。

6.4.1 当面报告。工作负责人、电气工作许可人和工作票签发人应在电力监控工作票上记录终结时间,并分别签名。

6.4.2 电话报告。工作负责人、电气工作许可人和工作票签发人应分别在电力监控工作票上记录终结时间和双方姓名,并复诵无误。

6.4.3 电气工作许可人所执的电力监控工作票无需记录电力监控终结手续;工作票签发人所执的电力监控工作票无需记录电气终结手续。

6.5 完成工作票终结手续后,工作票签发人在工作负责人所持工作票终结栏加盖"已执行"章,交工作负责人保存。

7. 统 计 与 管 理

7.1 各单位应定期统计分析工作票填写和执行情况,对发现的问题及时制定整改措施。

7.2 自动化值班人员应在交班前对本值工作票执行情况进行检查。

7.3 运维单位班组班长和班组安全员每月对所执行的工作票进行整理汇总,按编号统计、分析。

7.4 二级机构管理人员每季度对已执行的电力监控工作票进行检查并填写检查意见。

7.5 地市公司级单位、县公司级单位安监部门每半年至少抽查调阅一次电力监控工作票。

7.6 有下列情况之一者统计为不合格工作票。

（1）工作票未按规定编号,工作票遗失、缺号,已执行的工作票重号。

（2）作业计划编号未填写或填写错误,与安全风险管控监督平台不一致。

（3）工作成员姓名、人数未按规定填写。

（4）工作班人员总数与签字总数不符且未注明原因。

（5）工作任务不明确。

（6）所列安全措施与现场实际或工作任务不符。

（7）工作票项目填错或漏填。

（8）字迹不清，对工作内容、设备名称等涂改，或一份工作票涂改超过两处。

（9）工作班人员、工作许可人、工作负责人、工作票签发人未按规定签名。

（10）工作延期未办延期手续，工作负责人、工作班成员变更未按照规定履行手续。

（11）工作许可、工作终结未按规定办理手续。

（12）工作票签发时间晚于计划开始时间的，许可时间早于计划开始时间的，终结时间晚于计划结束时间且未办理延期的。

（13）未按规定加盖"已执行"印章，未按规定标注"已作废"字样。

（14）未列入上述标准的其他违反《安规》和上级有关规定的。

7.7 工作票合格率的统计方法

合格率＝（已执行的总票数－不合格的总票数）/（已执行的总票数）×100%。

7.8 工作票由许可部门和工作部门分别保存。已执行的电力监控工作票至少应保存1年。

8. 工作票填写规范

8.1 电力监控工作票

8.1.1 电力监控工作票格式

电力监控工作票

单位：　　　　　　　　　　　　　　　　　　编号：

1	工作负责人：　　　　　　　　　　　　　　　　班组：		
2	工作班人员（不包括工作负责人）：＿＿＿＿＿＿＿＿＿＿ ＿＿＿＿＿＿＿＿＿＿＿＿＿＿＿＿＿＿＿＿＿＿＿＿　共＿＿＿人		
3	工作场所名称：		
4	工作任务		
	工作地点及设备名称		工作内容
5	计划工作时间：自＿＿＿＿年＿＿月＿＿日＿＿时＿＿分 　　　　　　　至＿＿＿＿年＿＿月＿＿日＿＿时＿＿分		
6	电气安全措施： ＿＿＿＿＿＿＿＿＿＿＿＿＿＿＿＿＿＿＿＿＿＿＿＿＿＿ ＿＿＿＿＿＿＿＿＿＿＿＿＿＿＿＿＿＿＿＿＿＿＿＿＿＿		
7	电力监控安全措施［所用账号，应汇报的单位（部门），应备份的文件、业务数据、运行参数和日志文件，应验证的内容等］（必要时可附页说明）：		

	编号	安全措施	执行人
7	7.1		
	7.2		
	7.3		
	...		
	工作票签发人签名_____		____年___月___日___时___分
	工作负责人签名_____		____年___月___日___时___分
8	现场补充安全措施（电气工作许可人填写）： _____ _____ _____		
9	工作许可（电气专业确认1–6、8项的内容）： 许可开始工作时间：_____年___月___日___时___分 工作负责人签名：_____　　　　电气工作许可人签名：_____		
10	确认工作负责人布置的工作任务和安全措施 工作班人员签名： _____ _____ 工作开始时间：_____年___月___日___时___分　工作负责人签名_____		
11	工作票延期： 有效期延长至：_____年___月___日___时___分 工作负责人签名：_____　　　　　　____年___月___日___时___分 工作票签发人签名：_____　　　　　　____年___月___日___时___分 电气工作许可人签名：_____　　　　____年___月___日___时___分		
12	工作终结 12.1　工作终结（电力监控专业）： 全部工作于____年___月___日___时___分结束，工作过程中产生的临时数据、临时账号等内容已删除，封闭的数据已开放，电力监控系统运行正常，现场已清扫、整理，作业人员已全部撤离，并已向工作票签发人_____汇报。 工作负责人签名：_____　　　　　　____年___月___日___时___分 12.2　工作终结（电气专业）： 终结工作时间：____年___月___日___时___分 　　工作负责人签名：_____　　　　电气工作许可人签名：_____		
13	备注： 作业计划编号：		

8.1.2　电力监控工作票填写规范

单位：① 指工作负责人所在的部门或单位名称，例如：电力调度控制中心。② 外来单位应填写单位全称。

编号：编号应连续且唯一，由签发单位编号。编号应包含工作场所特指字、年、月和顺序号。年使用四位数字，月使用两位数字，顺序号使用三位数字。例如房城变2023年1月第1份工作票编号为：房2023–01–001。

（1）工作负责人：指该项工作的负责人。

班组：指参与工作的班组，若多班组协同工作，应填写全部工作班组。

（2）工作班人员（不包括工作负责人）：应逐个填写参加工作的人员姓名。

（3）工作场所名称：指该项工作开展的场所，包括检修专区、机房、配电室等场所。

（4）工作任务：

工作地点及设备名称：应逐项填写本次工作所在具体地点，包含机房名称、所在屏柜名称、设备名称和编号等，工作地点是指工作的区域。填写的设备名称应与现场相符，包含设备标签信息、名称、编号、设备类型。

工作内容：工作内容应填写明确，术语规范。应将所有工作内容填全，不得省略。

（5）计划工作时间：以批准的检修期为限填写，时间应用阿拉伯数字填写，包含年（四位），月、日、时、分（均为双位，24h制）。

（6）电气安全措施：根据工作任务、工作条件和运维范围，涉及电气专业的，填写相应的安全技术措施，设置遮栏或标示牌。不涉及电气专业的填写"无"。

（7）电力监控安全措施：填写本次工作的基本安全条件，包括所用账号，应汇报的单位（部门），应备份的文件、业务数据、运行参数和日志文件，应验证的内容等，必要时应附页说明。

工作票签发人签名：由工作票签发人确认工作必要性和安全性、工作票上所填安全措施正确完备、所派工作负责人和工作班人员适当、充足后，在对应位置签名并填写签发时间。

工作负责人签名：工作负责人进行确认签字。

（8）现场补充安全措施（电气工作许可人填写）：电气工作许可人根据工作任务和现场条件，补充和完善安全措施或注意事项内容。无补充内容时填"无"。

（9）工作许可：进入变（配）电站、发电厂等场所办理的电力监控工作票，增加电气专业许可手续。不进入变（配）电站、发电厂等场所办理的电力监控工作票，电气专业无需履行许可手续。

当面许可：电气工作许可人完成现场电气安全措施后，会同工作负责人确认本工作票1-6、8项内容无误，并现场检查核对所列电气安全措施完备，向工作负责人说明注意事项。电气工作许可人和工作负责人在电力监控工作票上分别确认、签名。

电话许可：电话许可应做好录音，采取电话许可的工作票，工作所需电气安全措施可由工作人员自行布置，安全措施布置完成后应汇报电气工作许可人。电气工作许可人和工作负责人应分别在电力监控工作票上记录许可时间和双方姓名，复诵核对无误。

（10）确认工作负责人布置的工作任务和安全措施：所有工作班成员在明确工作负责人交待的工作内容、人员分工、现场布置的安全措施和工作的风险点及控制措施后，应在第10项"确认工作负责人布置的工作任务和安全措施"栏进行签名确认，不得代签。

（11）工作票延期：若工作需要延期，工作负责人应在工期尚未结束以前向工作票签发人、电气工作许可人［进入变（配）电站、发电厂等场所的电力监控工作］提出延期申请，履行延期手续。只能延期一次，原则上延期时间不超过2天。若延期后工作仍未完成，应终结工作票或重新办理新的工作票。

（12）工作终结：工作负责人向工作票签发人交待工作内容、发现的问题、验证结果和存在的问题等。验收合格后，填明工作终结时间，经双方签名，完成工作票终结手续，双方各自保存。进入变（配）电站、发电厂等场所的电力监控工作，工作负责人应会同电气工作许可人办理相应电气工作终结手续。

（13）备注：填写作业计划编号（指安全风险管控监督平台作业计划编号）、工作任务变动原因、工作负责人与临时指定工作负责人的交接手续、工作班成员变更以及其他需要说明的事项。

9. 工 作 票 样 例

电 力 监 控 工 作 票

单位：电力调度控制中心   编号：宋 2023－01－001

1	工作负责人：詹×友		班组：自动化运维班
2	工作班人员（不包括工作负责人）：张×飞 共 01 人		
3	工作场所名称：110kV 宋岗变电站保护间		
4	**工作任务**		
	工作地点及设备名称		工作内容
	保护间调度数据网屏，地调第一接入网实时、非实时交换机		调度数据网地调第一接入网实时、非实时交换机更换、调试
5	计划工作时间：自 <u>2023</u> 年 <u>01</u> 月 <u>11</u> 日 <u>10</u> 时 <u>00</u> 分 至 <u>2023</u> 年 <u>01</u> 月 <u>11</u> 日 <u>18</u> 时 <u>00</u> 分		
6	电气安全措施： （1）认清设备位置，防止误碰其他运行中的设备。（2）在地调第一接入网实时、非实时交换机上挂"在此工作"示牌，在调度数据网屏前后门上挂"在此工作"示牌，在相邻屏柜前后挂"运行中"示牌。（3）工作结束清理现场卫生		
7	电力监控安全措施［所用账号，应汇报的单位（部门），应备份的文件、业务数据、运行参数和日志文件，应验证的内容等］（必要时可附页说明）：		
	编号	安全措施	执行人
	7.1	授权使用调度数据网地调第一接入网实时、非实时交换机检修账号	张×飞
	7.2	工作前，应备份调度数据网地调第一接入网实时、非实时交换机对上业务 IP 地址、划分的业务子网，备份路径及文件为./bin/usr/config	张×飞
	7.3	工作前，验证与调度监控主站核对数据通道是在"双通道"状态下正常运行；确认地调第一接入网实时、非实时交换机各通信端口业务均在运行状态	张×飞
	7.4	工作前，检查作业人员调试计算机及移动存储介质是否专用，调试计算机未接入外网	张×飞
7	工作票签发人签名 <u>李×贤</u> 工作负责人签名 <u>詹×友</u>	<u>2023</u> 年 <u>01</u> 月 <u>11</u> 日 <u>09</u> 时 <u>30</u> 分 <u>2023</u> 年 <u>01</u> 月 <u>11</u> 日 <u>09</u> 时 <u>30</u> 分	

8	现场补充安全措施（电气工作许可人填写）： <u>禁止工作人员擅自移动或拆除标示牌。禁止使用外来移动存储设备和外联网络</u> _____ _____
9	工作许可（电气专业确认1-6、8项的内容）： 许可开始工作时间：__2023__年__01__月__11__日__10__时__30__分 工作负责人签名：__詹×友_____　　　　　　电气工作许可人签名：__徐×庆_____
10	确认工作负责人布置的工作任务和安全措施 工作班人员签名： 　__张×飞_____ 　工作开始时间：__2023__年__01__月__11__日__10__时__30__分　工作负责人签名__詹×友__
11	工作票延期： 有效期延长至：_____年___月___日___时___分 工作负责人签名：_____　　　　　　　　_____年___月___日___时___分 工作票签发人签名：_____　　　　　　　_____年___月___日___时___分 电气工作许可人签名：_____　　　　　　　_____年___月___日___时___分
12	工作终结 12.1　工作终结（电力监控专业）： 　全部工作于_2023_年_01_月_11_日_16_时_30_分结束，工作过程中产生的临时数据、临时账号等内容已删除，封闭的数据已开放，电力监控系统运行正常，现场已清扫、整理，作业人员已全部撤离，并已向工作票签发人_李×贤_汇报。 　工作负责人签名：_詹×友_　　【已执行】　　　　　_2023_年_01_月_11_日_16_时_40_分 12.2　工作终结（电气专业）： 终结工作时间：__2023__年__01__月__11__日__16__时__50__分 工作负责人签名：__詹×友_____　　　　　　电气工作许可人签名：_徐×庆_____
13	备注： 作业计划编号：ZMD-Z-2301110001Z

注：表中的"已执行"章为红章。